REGENERATIVE FASHION

リジェネラティブ・ファッション
人と環境に優しい服作り

2022年10月30日　初版 第1刷 発行

著者　サフィア・ミニー
訳者　笹川朋美
翻訳協力　株式会社ラパン
日本版組版　NANA

executive producer　Blue Jay Way

発行人　後藤佑介
発売所　株式会社トゥーヴァージンズ
〒 102-0073
東京都千代田区九段北 4-1-3
電話:(03) 5212-7442
FAX:(03) 5212-7889
https://www.twovirgins.jp/

印刷・製本　共同印刷株式会社

ISBN 978-4-910352-55-8

REGENERATIVE FASHION
by Safia Minney

First published in Great Britain in 2022
by Laurence King Student & Professional,
An imprint of Quercus Editions Ltd

Japanese translation published by arrangement with Quercus Editions Limited through The English Agency (Japan) Ltd.

リジェネラティブ・ファッション

人と環境に優しい服作り

サフィア・ミニー［著］

笹川朋美［訳］

CONTENTS

人々と暮らしと手工芸（クラフト）

ニューエコノミーとリーダーシップ

序文　Foreword

もう何年も前になるが、ロサンゼルスの慌ただしい空港からサフィア・ミニーへ電話をしたときのことはいまも覚えている。ぼくは長いフライトのあいだにサフィアの著作を読み、着陸するなり突き動かされたように彼女と連絡を取ったのだった。あの日あのターミナルで、電波状態がいいとは言えない通話を通して始まった会話は、ぼくの人生でもっとも大切な友情のひとつにまで成長した。

サステナブル・ファッションをいち早く唱えたパイオニアとして、サフィアは忘れられがちな人々の権利のために根気強く尽力し、自分たちの手で作ることができ、作らなくてはならない世界について、誰もがもっと大きな夢を抱くよう訴えつづけている。ぼくは彼女と世界中を旅してまわり、ひとりの人間が他者のために尽くせばどれだけのことが可能になるかを間近で見る機会に恵まれた。そしていま、彼女は何よりも差し迫った招待状を手に戻ってきた——よりよい未来は戦ってでも得るだけの価値があるといまなお信じる人全員への呼びかけだ。

こんにちでもファッションは破壊力の塊であり、その事実はどれだけ誇張しても誇張しすぎることはない。映画監督であるぼくはこの目でその影響を見てきた。恐ろしくて、理解しがたい規模の影響だ——世界でもっとも裕福な人々をさらに裕福にするという名目で、もっとも弱い者たちから、もっとも基本的な尊厳が奪われ、われわれが故郷と呼ぶこの地球が破壊されている。

ファッションは年間数兆ドル規模の産業で、われわれ消費者は無関心だから、立ちあがることも、退くことも、反撃することもないという思いこみの上に成り立っている。この現実を変えなくては。事実、われわれが生きつづけられるかどうかは、いまやそこにかなりの比重がかかっている。これから先のページで示されているように、大胆かつ美しいやり方ですでにこの変化を率先している人たちが世界各地にいる。みんなで彼らに加わり、われわれのこの時代、この場所で、正義と希望、そして癒しの新たなストーリーを描いていこう。

アンドリュー・モーガン

〔訳注：映画『ザ・トゥルー・コスト〜ファストファッション 真の代償〜』監督〕

2022年2月

（www.andrewchristophermorgan.com）

はじめに　Introduction

　大地、海、そして大気は相互に作用するシステムであり、特有かつ複雑なバランスの上に存在しています――そのバランスが地球上の生命を支え、何千年にもわたって人類の文明を栄えさせてきました。ところが富と利便性に重きを置く暮らしをがむしゃらに追求するあまり、わたしたちは長期的な結果など一顧だにせず、そのバランスを着々と破壊しはじめたのです。

　2009年、環境学者ヨハン・ロックストロームと化学者ウィル・ステファンは、根本的な問題への解答探しに着手。人類が“安全に活動できる範囲”とは？　環境に壊滅的な破壊をもたらすことなく、どこまでなら地球の主要システムに変化を与えることができるか？　科学者の国際チームと協力し、ふたりは9つのシステムを特定しました。気候変動、化学汚染（現状では新規の化学物質）、オゾン層破壊、大気エアロゾル負荷、海洋酸性化、生物地球化学的循環、淡水利用、土地利用の変化そして生物圏の一体性。これらの中で、破滅へと転がり落ちないためのガードレールとして、地球の限界（プラネタリー・バウンダリー）を提唱（9ページ参照）。経済学者で著述家のケイト・ラワースはこのプラネタリー・バウンダリーに社会的限界（ソーシャル・バウンダリー）を組み合わせ、“人類にとって環境的に安全で、社会的に公正な範囲”を設定しました（157ページ『ドーナツ経済』参照）。

　海面上昇から、絶滅の危機に瀕する動植物の恐ろしいまでの数まで、わたしたちの過剰消費がもたらす影響は年々明らかな形となって現れています。世界自然保護基金（WWF）によると、過去50年で野生生物の生息数は3分の2にまで激減。現在わたしたちが目にしている異常気象も、地球温暖化の結果であり、主に大気中への温室効果ガス排出（GHG）によって引き起こされたものです――GHGの大半は、産業革命で新たなエネルギー源となった、化石燃料を燃やすことで生じます。最悪の結末を回避するには、地球全体の平均気温上昇を産業革命前の摂氏1.5度（華氏2.7度）に抑えなければなりませんが、気候変動に関する政府間パネル（IPCC）は今

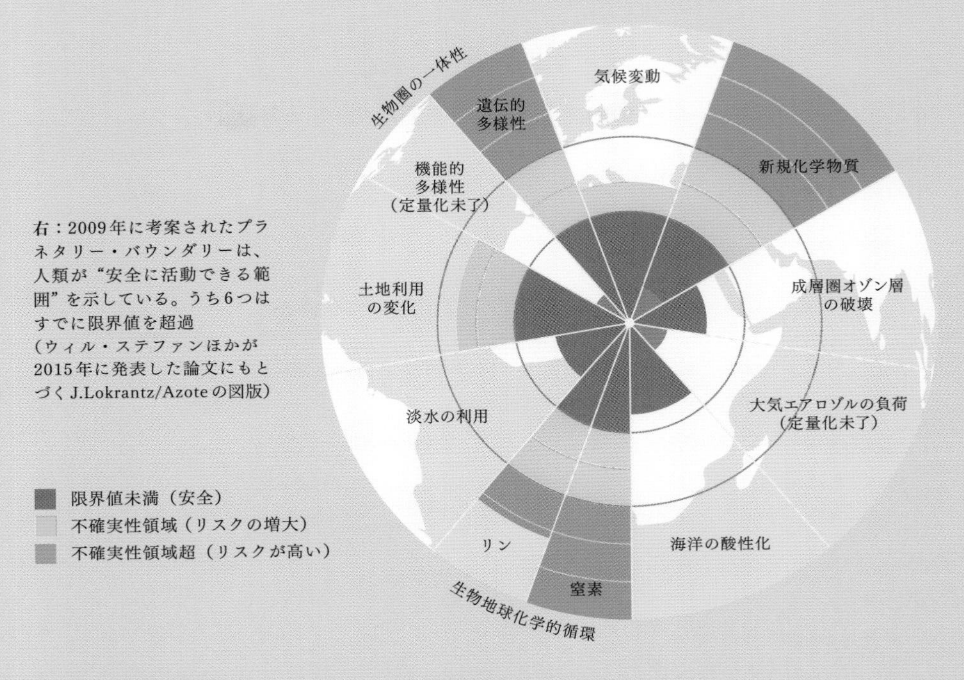

右：2009年に考案されたプラネタリー・バウンダリーは、人類が“安全に活動できる範囲”を示している。うち6つはすでに限界値を超過（ウィル・ステファンほかが2015年に発表した論文にもとづくJ.Lokrantz/Azoteの図版）

世紀末までに4度（7.2度）上昇する恐れがあると警告しています。

人類が6度目の大絶滅の危機に瀕しているときに、ファッションにたいした役割はない。そう見えるかもしれません。けれど、とんでもない。わたしたちが身につける衣類の3分の2は化石燃料由来の合成繊維から作られていて、ファッション産業は世界の温室効果ガス排出量の5%を占めているのです[1]。産業廃水による水質汚染の20%は衣料品製造と染色が原因、業種別の水使用量でファッションセクターは世界第2位。気候変動により世界各地で干ばつが頻発する中、貴重な飲用水や作物を育てるのに必要な水は、欧米諸国の消費者が（平均）5回着用したら捨ててしまう衣服の生産に使われているのです。

ヨーロッパとアメリカでは年間ひとり当たり最大35キログラム（77ポンド）の衣類が捨てられ、リサイクルされるのは1%未満。ゴミの量には驚くばかりです。さらには、これらのゴミはアフリカ、アジア、南米など、グローバルサウスと呼ばれる発展途上国に捨てられ、健康と環境に被害をおよぼし、地域の繊維産業からチャンスを奪っているのです。日本でも、衣料廃棄物は年間50万トンを超えると推計されています。

2020年、大学で教鞭を執るケイト・フレッチャーとマチルダ・サムはIPCCの統計を用い、ファッション産業は世界における新品の資源や素材の使用を2030年までに75％削減する必要があると推定。2021年、英国ファッション協会は、政府と小売業者に、廃棄物削減のため消費者需要を50％減らすよう働きかけることを要請しました[2]。また、COP26（2021年の国連気候変動枠組条約第26回締約国会議）では、ファッション業界気候行動憲章に新たな事項が加えられ、2030年までに温室効果ガスの排出を50％削減し、地球温暖化を1.5度未満にするメッセージの発信を企業に求めました。世界各地に広がる複雑なサプライチェーンを持つ産業にとって、これらの変化は達成不可能に見えるでしょう。ですが、実のところ、それらを可能にする知識や工程、技術はすべてそろっているのです。欠けているのはビジョンと、利害関係者(ステークホルダー)の声、そして行動力です。

再生型(リジェネラティブ)ファッションとは、ファッションの新たなスタイル。その基盤にあるのはリジェネラティブ農業だけではなく、より広い“生態系(エコシステム)”の一環として企業が活動するためのシステム思考です。ここで提供されるのは、ファッションが自然界から奪ったものをもとへ戻し、地域社会を再活性化させ、脱成長ビジネスモデルを発展させながら、真に持続可能な利益を可能にするという、建設的なビジョン。ブランドはサプライチェーンのパートナーとリスクを共有。顧客と従業員は問題解決に参加する方法と、本当の持続可能性を支える方法を示されます。業界の活動はプラネタリー・バウンダリー内におさまるよう移行し、ファッションの恩恵は公正に分配。

たくさんの人たちがすでに旅を始めています。廃棄物の削減に取り組み、環境負荷の少ないサステナブル素材を利用する企業が大小問わず、毎週のように増えています。高級ブランドからスーパーマーケットまで、ファッション産業界のリーダーたちは、サプライチェーンの把握(マッピング)や、農村社会や工場とのよりよい関係の構築に努め、透明性の改善、廃棄物削減、再生可能資源への転換、循環型（サーキュラー）を実現させる解決策の模索に取りかかっています。シャンパンに軽食、ファッションパーティーは、会議室での深遠で意義深い話し合いや、ウェブセミナー・講座での知識共有に取って代わられています。目下の危機を目の前にして、この変化の緊急性と重要性はどれほど強調しても強調しすぎることはないでしょう。また、いちばん目に余る過剰さをどうにかしろというだけの話ではありません。ファッションは社会と生態系の両方にプラスの影響を与える未来が必要です。資源は不足し、排出できる炭素には上限があるのですから。

リジェネラティブ・ファッションは、商品を作る人たちと、原材料を生みだし、それを可能にする自然界を大切にします。リジェネラティブ・ビジョンは、グローバルサウスがほかの地域のために極端な低賃金――もしくは無報酬――で衣類を生産するのは当然だなどと考えません――これはファッション産業特有の現代の奴隷制度にほかなりません。また、グローバルサウス（世界のCO2超過排出量のわずか8%を占めるのみ[3]）が、暮らしを支えている土地、動植物の生息環境（ハビタット）や生物多様性の喪失という形で、気候変動の影響をまともに受けるのは仕方ないとも考えません――これらの国々が貧困化している大きな原因は、原料や製品の不当な買い叩き、それに不公正な国際貿易と金融システムにあるのです。

リジェネラティブという考え方は、プロセスのあらゆる場面で適用される必要もあります。土壌、健全な農業、農家との絆から始まり、プロダクトデザイン、買いつけ、生産、ファイナンス、マーケティング、ブランディング、販売、製品寿命の終わりに至るまで。どの過程でも、ひとつの製品には、それに関わったすべての人たちの暮らしをよりよくする力があります。生活賃金の支払い、労働組合結成およびジェンダーと人種の平等の支持。エンパワーメントおよび創造性と経済的自立の機会を促進。ファッションは土地を大切にする方法や、生物多様性の回復法を見つけだし、手工芸を通して文化と暮らしを再生・促進させることもできるのです。

企業はみずからの透明性に真摯に取り組み、自社の気候変動や生物多様性への対策に意見や参加を求めることで、顧客とともに低炭素や持続可能な生活(サステナブル・リビング)について学べます。バランスシートには、企業の利益とともに、サプライチェーンが自然界、気候、暮らしに与える影響を記載。これで企業と消費者は、単なる取引相手から、企業、サプライヤーそして消費者がともに解決策を探し、変革への挑戦と勝利を分かち合うコミュニティへと変わるでしょう。リジェネラティブ・リーダーたちは協力し合うことが必須。さまざまなバックグラウンドからともに声をあげ、欧米諸国型のファッションのその先にある発想を歓迎します。自然との結びつきを取り戻す方法を探し、考え方と行動を変える助けとなるのが彼らの役目です。

本書は変化を実行しようとする組織とのインタビュー集——家族経営の会社から、デザイナーズブランド、社会的企業、非営利団体が含まれています。内容は以下の3つのテーマに分かれています。自然と原材料。人々、暮らしと手工芸(クラフト)。ニューエコノミーとリーダーシップ。もっとも、どんなリジェネラティブ・システムも互いに結びつくたくさんの要素から成り立っているように、実際の内容はカテゴリーをまたいでいます。各章は「まえがき」のあとにインタビュー、ファッションセクターでもっとも影響力のある方々のコラムがところどころに挟まれています。みなが一致団結し、ただちに行動に出ること。わたしたちの暮らしがそれにかかっているのは、誰もが同意するのではないでしょうか。もらっておいてお返しをしないのは、ただのマナー違反ではありません。この場合は、ほとんど犯罪です。現在の、そして未来の世代のために、わたしたちはよりよい地球の管理人にならなくては。リジェネラティブ・ファッションはそれを手助けしてくれるインスピレーションに満ちた道しるべです。

注釈

1：英国ファッション協会、『Circular Fashion Ecosystem Report』、2021年9月。

2：同上。

3：ジェイソン・ヒッケル、“Quantifying National Responsibility for Climate Breakdown”、『The Lancet Planetary Health』、2020年9月。

13ページ：インドのリジェネラティブコットン農場を拠点とするオシャディ（32-37ページ参照）は、一着一着が持続可能かつ公正な手段で生産されていることを保証。本書で取りあげる多くの組織同様に“土壌からリジェネラティブ・ファッション・システムを育てている”。

NATURE & MATERIALS

自然と原材料

わたしたちは車をどんどん飛ばせる高速道路を
ずっと走ってきましたが、その先にあるのは破滅です。

『沈黙の春』レイチェル・カーソン著、1962年

再生（リジェネレーション）はわたしたちが自然界から奪うもの、そして自然界に負荷をかける汚染物質の削減から始まります。地球の自然システムには回復する時間が必要で、リジェネラティブ・アプローチとはその回復過程に人がどう貢献できるかを示すものです。

リジェネラティブ・ファッションという考えは、リジェネラティブ農業のアイデアに由来し、生きているものをその基盤とします（17ページ参照）。作物や家畜とともにリジェネラティブな方法で繊維を栽培することで、化学農薬や殺虫剤による汚染から土地を守り、土壌の健康、ハビタット、生態系の改善に積極的に働きかけ、生物多様性と復元力を促進することができます。結果として作物はより健康になり、自然の生態系の回復によって捕食者が増えるため、害虫が減ることに。リジェネラティブ農業は水の循環をよくし、炭素削減（ドローダウン）を通して気候変動を逆転させるのを手伝います——これは二酸化炭素が植物に吸収され、土壌に貯留されるためです。このような農業の実践者は土地の守り手であり、彼らの知識は敬われ、支えられなくてはなりません。彼らの農法は、化石燃料由来の肥料が使われるようになった1940年代以前には一般的なものでした。

人々や自然と協力して働くことには多くの楽しみがあります。たとえば、リジェネラティブ・オーガニックコットンの栽培へ切り替えると、あなたの歩みに文字通り活力ががもたらされます。1995年、サステナブル・ブランド、ピープルツリーの創設者であるわたしは、インド、グジャラート州にあるオーガニックコットンのパートナー農場でふかふかの土を踏みました——ふかふかなのは土壌生物の割合が高く、土壌中層が健康だから。それと比べたら、一般的なコットン畑は舗装道路並にカチカチです。オーガニックコットンは農業従事者にとっては換金作物。それと一緒にナス、トマト、マリーゴールドを間作し、バナナや緑豆などの食用作物を輪作します。小規模農家はこれらを自家消費したり、地元の市場に出したり。

ピープルツリーは畑からクローゼットまでGOTS（オーガニック・テキスタイル世界基準）認証を受けた、初のコットン製品を開発。農薬と化学肥料の購入から解放され、農家は生産コストを抑えて、オーガニックおよびフェアトレードの割増金（プレミアム）を受け取れるように。これにより収入が増え、これらのプレミアムを自分たちの決めた事業へ投資することで地域社会にまで恩恵がもたらされました。干ばつ用の貯水池、在来種の種子銀行（シードバンク）創設、農閑期に副収入を得られるハンドクラフト部門設立など。これらの小規模農家のおかげで、わたしは土壌生物、それに植物の根

リジェネラティブ農業とは？

アメリカ、ペンシルベニア州の非営利組織、ロデール研究所は、有機農業者であり著述家だったJ・I・ロデールが1930年代に始めたパイオニア的な努力から生まれました。“リジェネラティブ農業”という呼び名は土壌、水、大気、生態系そして生物多様性を継続的に回復させる農法を表すものとして、1970年代に彼の息子ロバート・ロデールが命名。植物と微生物、昆虫そしてその他の生物のあいだに存在する複雑な関係と農業の結びつきに目が向けられました。

リジェネラティブ農業には幅広い農法が含まれるものの、一般的には5つの基本方針に従います。地面の表面を植物で覆うこと。土壌を極力掘り返さないこと。作物の多様性を最大化すること。1年を通して土中に生存根を保つこと。畜産と一体化させること。

リジェネラティブ農業は、昔の農法へ立ち返ることをしばしば意味します——利益のみを追求する者からは非効率的と誤ったレッテルを貼られますが、最近では炭素削減（ドローダウン）から、作物の耐久力増加、大水への耐久性向上まで数々の利点を広く認められています。実のところ、農業従事者の育成に使用されている、土壌と水質の健康を最大限に引きだす方法や昆虫の生態系に関する最新研究のほとんどは、20世紀半ばに化学薬品会社と種子会社が伝統的な農業を途絶させるまでは、彼らの先祖が知識として身につけていたものなのです。

と菌糸体システムが炭素を栄養素に変換して蓄積するやり方[1]に、すっかり夢中に。当時は有機農業なら1エーカー（0.4ヘクタール）当たり年間およそ1トンのCO2を貯留するとされていましたが、農法と測定法の改善により、これは大幅な増加が見込まれるのです。

リジェネラティブ・ファッション産業への第1歩はバイヤーとサプライヤー間の知識とつながりの強化です。バイヤーは、自分たちの発注が農家や自然に与える影響を理解し、よりよい購買慣習がいかに社会と生態系の持続可能性（サステナビリティ）と、国連が掲げる持続可能な開発目標（SDGs、78ページ参照）達成を支えるかを認識する必要があります。本物のパートナーシップは反復プロセスを作りだし、学びと改善がデザイン、生産プロセス、発注から納品までの時間（リードタイム）、価格、ファイナンス、戦略的立案に反映され、業績強化に至るのです。

非営利団体テキスタイル・エクスチェンジ（28-31ページ）が提供しているような独自の認証を受けた素材を購入し、農家や繊維サプライヤーがそうするのを支援することで、小規模農家がリジェネラティブな有機農業へ転換するのを援助。緊密なパートナーシップの発展は、土壌の健康、生物多様性、炭素削減（ドローダウン）など、社会的・生態学的影響の追跡にもひと役買います。

化石燃料からの卒業

リジェネラティブ・ファッションに化石燃料は無用です。化石燃料の採取と使用は生態系と土壌の健康を等しく破壊します。世界におけるCO2排出量の90％近くは化石燃料産業が原因。化石燃料から作られる合成繊維とプラスチックは海洋と生態系に甚大な被害をもたらしてもいます。もっとも広く使われている“天然”繊維――従来型の農法で栽培されたコットン――でさえ、化石燃料にどっぷり依存。栽培には化学肥料や農薬が使用され、繊維製造、工場の電力、製品の流通には再生不能エネルギーと化学プロセスが用いられます。ファッション産業の総炭素排出量のうち、サプライチェーンが最大80％を占めるのはこれが理由です。

合成繊維は天然繊維の安価な代替品として作られました。ところが分解には200年以上かかり、製造の際に加えて、洗濯機にかけられるたびに微小な合成繊維片（マイクロファイバー）が放出され、水生生物がそれを体内に取りこむことで、最終的には人間の口にまで入ってきます。1930年代に誕生したナイロンと未使用（バージン）ポリエステルに別れを告げるときが来ています。現在、全生地の3分の2は化石燃料由来。染料、プリント、織物仕上げ剤の大半もそう。市場の力を活用することで持続可能の加速を目指す団体チェンジング・マーケット・ファウンデーションは、安価な合成繊維への依存とこんにちの“壊滅的な”ファストファッション・モデル[2]には強い相関関係があることを2021年のレポートで指摘。リサイクル合成繊維は新品の資源や素材から作られたものよりはましなものの、マイクロファイバーの放出、製品寿命が来たときはリサイクル不可能であること、そして分解速度の遅さという点で、生態系に与える影響はやはり容認できるものではありません。また、溶解と再紡績に使われるのは有害な化学薬品。リサイクルポリエステルから生まれた服が、古いポリエステルを使っていることは滅多になく、たいていはプラスチックボトルを再生したもの——サステナブルな未来図に含まれないのは明白でしょう。衣類に使われている素材のうち新たな服へとリサイクルされるものは1%未満。ほとんどの衣類は清掃用のクロスや断熱材、マットレスの詰め物など、価値がさがる方向へリサイクル（ダウンサイクル）されます。

イギリスで衣料品販売をおこなっているプランBインターナショナル・ソリューションズ（Plan B International Solutions）は、作業服の循環生産（サーキュラー・プロダクション）を模索。イギリスでは人口の55〜60%が日常的に作業服を着るとされ、毎年およそ2万トン分が廃棄されています。ポリエステルの作業着は海外メーカー製で、現在イギリス国内でリサイクルするすべはありません。そこでプランBは年間最大4,000トンのポリエステルを処理し、溶解後には単一の原材料として（複数の繊維を使用した衣類はリサイクルが困難）再生を目指すことに。工場の電力はソーラーパネルもしくは再生可能エネルギーになる予定。同社取締役のティム・クロスは、「ポリエステルはもう充分にあるんです。石油を掘って新たにポリエステルを作る必要は二度となくなる方法を見つけなくては」と語っています。

化石燃料への依存を減らすのに、炭素の価格付け（カーボンプライシング）も役立つようになりそうです。世界的な標準価格を1トン当たり3米ドルから75米ドルに引きあげることで、世界における地球温暖化ガス（GHG）の排出量は40%削減。炭素税が繊維製品やファッションの生産段階に適用されれば、市場へ明白なメッセージを送ることになり、ブランドはサプライヤーと提携して再生可能エネルギーに転換、合成繊維ではなく環境負荷の少ない繊維や素材をもっと使うようになるでしょう。顧客と投資家からの圧力に炭素税が加わることで、ファッション業界の化石燃料依存を削減、プラネタリー・バウンダリー内で活動するために必要な、全世界で生産を75%減らすというゴールへ、ファッション産業を向かわせることが可能になります。サステナブルな産業の実現に化石燃料は無用です。これは正しい移行への道を作ることにもなるでしょう。低炭素の手工芸品生産は、工場で職を失った何百万もの労働者を支えます。循環型経済（サーキュラー・エコノミー）への投資で、ゴミを生まれ変わらせることもそう。2021年、スーパードライ（Superdry）、リフォーメーション（Reformation）、ギャップ、クロエ、パタゴニア（106-9、206-11ページ）を含む50社は非営利団体テキスタイル・エクスチェンジとともに、環境にとって望ましい素材の使用とよりよい調達の実践を奨励するよう、各国政府へ通商政策の策定を要請しています。

天然繊維と地域主義（ローカリズム）

地球上のすべての地域に在来種の繊維が存在し、地域独自の布地と衣服の作り方があります——それらはサプライチェーンの投資対象にふさわしく、復活のときが訪れています。リジェネラティブ・ファッションとは、その地域で何が採れ、何が製品化でき、何が販売できるかを見いだすこと——つまりは地域のインフラと意義のある暮らしの復活、製品の輸送距離（カーボン・マイル）の削減です。天然繊維を選べば、いずれは生分解されます。リジェネラティブ農業は地域の生態系を改善し、コミュニティと文化を強化。従来型の農法で栽培されたコットンは、現在のアンバランスの一例です。コットンは世界で使用される殺虫剤の24%、農薬の11%、全織物繊維生産におけるウォーター・フットプリント〔訳注：使用される材料の栽培から製品の廃棄までに使われる水量〕の69%を占めています。アメリカ政府はコットンの生産に年間20億ドルもの助成金を支払うことで世界のコットン価格をおよそ20%さげています。このせいで土地は消耗し、グローバルサウスの農業従事者たちは人並みの生活を奪われています。リジェネラティブ・オーガニック農業はこのような自然界の搾取を食い止めて生態系を改善、コットンを栽培している世界各地のコミュニティにとって頼みの綱となるでしょう。従来型の農法で栽培されたコットンへのアメリカ政府の助成金はもうストップさせなくては。リジェネラティブ・オーガニック農業には、環境保護および社会的問題解決のためにも、ただちに気候変動対策への資金（クライメート・ファイナンス）の投入が必要です。

バングラデシュでは昔からジュート、コットン、シルクを使って美しい織物が作られ、ネパールにはコットン、ウール、麻（ヘンプ）、イラクサ（アロー）などの天然繊維があります。これらの多くはフェアトレードを通して、現地の農家や工芸人に低炭素の暮らしを提供。いまあげたのは、豊かな繊維織物の伝統を持つ多くの国のうちたったふたつですが、これらの産業の復興には先見の明があるファッションおよびテキスタイルブランドからの国際的な協力、資金提供、支援が必須で、気候に優しい繊維織物や衣類に対する輸出入税の減税も必要。

ヨーロッパであれば、リネン、ヘンプ、ウールなどの天然繊維があります。亜麻は古くからリネンの原料として栽培されてきました。従来型の農法で栽培された亜麻には化学農薬が使用されますが、オーガニック認定を受けている亜麻は土壌を守り、育てることができます。フランスとベルギーではふたたび生産が始まっているものの、国内に設備がないため、加工は中国に頼っているのが現状です。

2019年、ヘンプの生産量は世界的に上昇。ヘンプはヨーロッパ全域で栽培され——主要生産地はフランス、イタリア、ルーマニア、ドイツ、ポーランド——アジアのいくつかの地域でも育てられています。非営利団体テキスタイル・エクスチェンジは、サステナビリティに優れた繊維としてオーガニック・ヘンプを推奨、ヨーロッパ産業ヘンプ協会（European Industrial Hemp Association）は有機栽培への完全移行を生産者へ勧めています。地域の生産者を支援するため、加工施設とマーケティングへの投資が急務。衣類の流通にかかる製品の輸送距離（カーボン・マイル）もカットされるのですから、気候資金（クライメート・ファイナンス）の対象としてイチオシです。官民パートナーシップなら、ブランドが地域のインフラに投資し、環境負荷の少ない地域の原料や生産物を加工できるようにする力となるでしょう。

イギリスですぐに利用可能な繊維と言えば、ウール。ウールには大きな可能性があるものの、英国羊毛公社（British Wool）——英国産ウールの大部分を買いあげてランクをつけ、オークションにかけている協同組合——は資金不足にあえいでおり、羊毛から農場までの透明性を求めるバイヤーの要求に応えられる力強いリーダーシップを必要としています。羊と牧草地の福祉に配慮したレスポンシブル・ウール・スタンダード（RWS）認証つきの、リジェネラティブ・オーガニック農業で生産されたウールには、大きな需要があります——いまや服を着る側にとって、商品の来歴は品質と同じくらい大切なのです。

ウールの問題

ウールの使用については、動物福祉（アニマルウェルフェア）問題と食肉産業の副産物であることばかりが長らく取り沙汰されてきました。羊は木の苗も含めてなんでも食べてしまうので、イギリスのハイランド地方では再野生化（リワイルディング）の邪魔となっています。とはいえ、ウールはヴィーガン・ブランドの多くが使用しているプラスチックよりはるかに望ましいのも事実。吸湿発散性が高く、通気性があり、用途が広く、生分解する。リジェネラティブ農業で飼育された羊は、土壌を豊かにして炭素を減らし、生物多様性を促進します。

2021年、イギリスの国家食料戦略（National Food Strategy）は温室効果ガス削減目標を達成するには肉の消費量を30％減らす必要があると報告。これは羊の頭数の削減、ローランド地方の牧草地活用、リジェネラティブ農法、レスポンシブル・ウール・スタンダード準拠を意味すると言えるでしょう。ファッションハウスにとっても魅力的で、イギリスの気候に適した、ほとんどが再生可能な天然繊維が求められているのです。

2020年、新型コロナウイルスの蔓延により世界のウール市場が閉鎖、供給過剰に陥り、ウールの価格は急落しました。販売で得られる収入より市場へ出すための梱包のほうが高くつくため、農家は羊毛を廃棄することに。合成素材へ炭素税を課税すれば、農家は市場でより対等に競争できます。地域のウール産業インフラへの投資で、ファッションセクターはこれに取り組めます。リジェネラティブ・ファッション・システムとは、農家を支えられるだけの価格を支払うものです。2013年、ロブとジョーのホジキン夫妻はイギリス、ハートフォードシャーでカイアポイ（Kaiapoi）を設立、耕地作物を栽培し、リジェネラティブな方法で牧羊しています。「消費者はリジェネラティブな生産品を支援するようブランドに求め、わたしたちのような農業従事者がさらに土地を回復できるよう援助してほしい。

左：ウール（その他のサステナブルな繊維も同じ）へのリジェネラティブ・アプローチにはファイバーシェッドが“土壌から土壌へ”と呼ぶアプローチが含まれる――つまりは健康な土壌から生まれた、植物・動物両方の、繊維を栽培し、伝統的な技術と自然のプロセスを用いて、製品寿命を迎えたときは土へ還すこと。

わたしたちと同じくらい羊を大切にしてくれるテキスタイル・バイヤーにこそ、わたしたちのウールを買ってほしいのです」

カリフォルニアでレベッカ・バージェスが設立した非営利団体ファイバーシェッド（Fibershed）は、地域の繊維生産コミュニティ――“季節サイクル、生態系の回復、公正な仕事に根ざした”繊維を生産する、農家、染色業者、織工――の発展を援助。サウスイースト・イングランド支部を運営するデボラ・バーカーは、バイオダイナミック農場でオーガニックウールを生産、このウールから作られたテキスタイルや服は寿命を迎えれば堆肥化できる（46-47ページ参照）。彼女が説明するように、ファッションに関する議論は紡績工場までになりがちですが、「紡績工場にたどり着く前に起きていることは、わたしたちが眺める風景のありさまとコミュニティの機能に多大な影響を与えています」。

ヨークシャーで1837年創業のアブラハム・ムーンは、イギリスにいまも残る数少ない垂直統合型の羊毛紡績工場のひとつ。すべての工程を工場内で一貫して行っています。最高品質の原毛を使って製造した織物の価格は1メートル当たり12ポンド（1ヤード当たり14米ドル）。ポリビスコースならたったの3ポンドです。ジョン・ウォルシュ会長は「ウールは究極のサステナブル繊維で、とても長く使うことができます。最後は土へ戻り、ふたたび循環することができる。合成繊維はプラスチックですが、この認識は浸透していません。安く作れるし、化学企業は強硬な発言力で、法規制やラベリングに悪影響を及ぼしています」と説明。クリエイティブ・マネージャーのジョー・マッキャンもデザインの役割を強調します。「ファッションは製品が持つ天然の特性とその寿命の長さを活用しなくては。国産品を買うことは、地域の技術を存続させ、衣類のカーボン・フットプリント〔訳注：ライフサイクルを通して排出されるCO2量〕を削減し、品質に投資し、自分たちのルーツへ立ち戻ることを意味します。両性具有的（アンドロジナス）なスタイルも品質、美しいデザインとシルエットを広めるのに役立ちます」。

先住民族による土地管理と生物多様性

2021年に国連がおこなった調査では、世界中で年間5,400億米ドルもの助成金が、環境および人間の健康と平等性に対して“有害な”行為の支援に農家へ支払われていました[3]。その結果、土地を大切にしている農家ですら、生き残るためにはこのような行為をするしかないのです。これとは対照的に、国連世界自然保全モニタリングセンターは、先住民族が土地を所有している区域では、多くの場合、“生態学的に良好な状態”であると報告[4]。

当然、先住民族のグループによって文化や活動の違いはあるでしょう。ですが、文化や精神的価値が自然と一体化し、人を自然の一部と見なす全体的(ホリスティック)な考え方を共有していることが多いと言えます。土地管理でも彼らの根本にあるのはこのアプローチ。神聖視されている湖や森の保護や、特定の動物を不当な扱いから守ることがしばしば含まれます。先住民族はわたしたちの地球に残された生物多様性の80%を守っていて、自然界と調和の取れた暮らしにおいては、間違いなくエキスパート。ファッション・サプライチェーンにおけるより幅広い土地管理に、指導者として彼らを迎え入れることは不可欠です。また、彼らの深い知識と技術を支援し、受け入れることで、欧米中心の文化の限界が見えてくるはず。アンバランスなパワーに対してわたしたちも声をあげ、先住民族とその他の利害関係者(ステークホルダー)に会議室の席上で発言権を与えましょう。

ブランドは生物多様性へ与える影響に責任を持ち、生物多様性と気候変動を同じ問題の一部として見なくてはなりません。たとえば、成長しつづける革製品産業は、アマゾンの熱帯雨林（養牛は森林破壊の主な原因）と先住民のコミュニティにとっていまも大きな課題のままです。生物多様性に取り組んでいる主要団体は、テキスタイル・エクスチェンジ、リジェネラティブ・オーガニック・アライアンス（Regenerative Organic Alliance)、ファイバーシェッドです。

研究室で作られたもの、それとも大地で作られたもの？

技術革新により、再生不能な合成繊維や環境負荷の多い原材料の代替品として“バイオテキスタイル”が登場。再生可能な原料を用いて研究室で誕生したこれらのテキスタイルは、化石燃料への依存と生態系の破壊を減らし、完全に生分解されるものが多い。

けれど、ここでも注意が必要です。わたしたちは遺伝子組み換え種子の犠牲となった土地や暮らしをじかに見ているのですから、研究室で生みだされた繊維や生地が予期せぬ結果をもたらさないか、しっかり目を光らせなくては。生産工程に完全な透明性を求め――秘密のレシピの裏でこそこそするのはなし――バイヤーが気候的・生態系的・社会的な負担と、農家の暮らしを支えるリジェネラティブな農法で生産されたモノより本当にいいのかを、ありのままに評価できるようにする必要があります。たとえば、生合成繊維にはサトウキビ由来のものがあります――サトウキビは水を大量消費し、加工時に化学廃液を出すため、どの作物より生物多様性に被害を与えてきたとされています。しかもこの産業は労働者の搾取という病を患ったまま（わたしの高祖父は枷をつけられ、サトウキビ畑で働かされる奴隷でした。ですから現代の奴隷制度にとらわれている人たちのためなら、いつだって声を大にします）。

最近ではバイオマス、酵母、バクテリア、菌糸体、藻（たとえば56、58ページのボルト・スレッズとアルギニットを参照）を原料とした革新的な繊維が作られています。多くは構想段階であるものの、これらの微生物は必要とする土地や水、化学物質が少なく、ファッション産業の負の影響を軽減するのにひと役買える可能性があるのです。仕事と汚染がなくなったすべてのコミュニティに研究施設を作り、元皮革業従事者にちゃんとした職を与えてはどうでしょう？

デザインの役割

2021年、ファッション雑誌『V』のインタビューでスウェーデン・ファッション協会の総長、カテリーナ・ミッドビーは、衣類のサステナビリティの80%はデザイン段階で決まると説明。デザイン・ブリーフでいくつかの点を考えるようにすれば、衣類のライフサイクル決定に大きな役割を果たすことでしょう。複数のユーザーの着用に耐えられる？　修理（リペア）、リサイクル、用途変更（リパーパス）しやすい？　着用者と環境にどんな利益が？　そもそも必要？　いくつもの優先事項のバランスをはかるのですから、デザインはますますシステム的になる必要があります。価格や流通スピード、終わりつつある化石燃料テキスタイル時代の美意識だけにもとづいて、決定をくだすことはもうできません。社会、気候、そして生態系に与える影響も考慮に入れなくては。サプライチェーンの発展とサプライヤーとの協力による組織的基礎体力の構築（キャパシティビルディング）はこれによりスムーズになり、迅速な革新と生産方法の改善はデザインプロセスにフィードバックをもたらし、循環ができあがります。

2020年、新型コロナウイルスによって、このプロセスは促進されることに。店舗からの注文取り消しで資金繰りが悪化、結果としてデザイナーたちは古いパターンを掘り起こし、過去のシーズンから残っていた素材を使い、手仕事――自国での縫製、立体裁断（ドレーピング）、装飾、染色――に頼るしかなくなりました。ところが、当時デザイナーのジョナサン・アンダーソンは『ヴォーグ』誌にこう語っています。

デザインと購買の見直し

現在ファッションが合成繊維に依存しているのはその安価さが理由。気候変動、汚染、健康な土壌の喪失、長期的には生態系の破壊に至ることには目をつぶってしまっています。合成繊維からの脱却には、クリエイティブさと環境負荷の少ない繊維と生地への投資が必要。環境負荷の多い原料の使用をやめるという目標の設置なくして、正しい問いかけをスタートすることはできません。

○再生型の生地を調達し、再生型繊維や生地を供給する農家と関係を築いて、それらが社会、自然、気候に与える影響を監視する方法は？

○進歩の測定法は？　どうすれば利害関係者（ステークホルダー）を関わらせつづけられる？

○消費者が衣類を大切にし、高い服を少しだけ買うよう再教育する方法は？　持続可能な暮らしを送ってカーボン・フットプリントを削減したいというみんなの願いを叶えるには、ビジネスモデルとコミュニケーションをどう変える？

○サプライヤーが持続可能な社会の実現（サステナビリティ・アクション）に向けた取り組みを強化するために、どんな支援ができる？

○どんな注文または消費者の需要なら、より持続可能な生産が可能になる？　それにはどれだけの投資が必要？

○未使用（バージン）化学繊維からリサイクル合成繊維や環境負荷の少ないリジェネラティブ原料に切り替える方法は？

○サプライヤーとの仕入れ条件改善策は？[5]

○地元企業が廃棄生地などをリパーパスできるよう、わたしたちに支援できることとは？

○資源効率を考えると、再生型の繊維や生地にもっとも適している用途は何？

○自然の季節と農家の生産能力に合わせるため、ほかのブランドと提携し、素材調達はできない？

○ウォーター・フットプリントを減らし、化学物質の環境負荷低減（グリーン・ケミストリー）にもとづいて化学物質を使用するために、エコテックス（OEKO-TEXR®）やブルーサイン（BLUE SIGN®）など繊維の安全性やサステナビリティを証明する認証を得ることはできる？

○消費者が合成繊維を避けるよう、上昇志向の新たな美意識を作りだして宣伝する方法は？　合成繊維が登場する前は、どうやって上着を作っていたの？

○リサイクルを容易にし、ライフサイクル終了時に回収しやすくするよう、単一の原料からまるごと一着作れない？

○製品の寿命を考慮したデザインとは？　たとえば、修理（リペア）、借りる（レント）、転売（リセール）ののち、最後はリサイクルか堆肥化するのを容易にできない？

「これほど作りたいという気持ちに駆られたことも、クリエイティブになったこともありません。厳しい制限下に置かれたことのメリットは、焦点が狭まったためにアイデアが解き放たれたことです……どんな生地でも型でも装飾でも好きに使えていたら、こうはいかなかったでしょう」。

異なるセールスモデルを見いだすことで、さらにクリエイティブな選択肢を開拓できるかもしれません。デザインの工程に消費者が関わることで、例えば生地や型を選ぶのにに、新たなクリエイティビティが注がれ、ブランドや1.5度目標に向けた定番商品に対する熱心な支持層が築けるでしょう。消費者のために直接デザインすれば、デザイナーはもっと小規模の思慮深いコレクションを開くことができ、シーズンごとのスケジュールからも解放されます。さらには、可能性の限界を押し広げ、リジェネラティブな選択肢と、低炭素および／またはハンドクラフトの選択肢から選ぶことで、生地の一元管理に乗りだすブランドも出てくるかもしれません。次なるファッションデザインの進化は、人間活動が環境に与える負荷（エコロジカル・フットプリント）を減らし、自身の社会的影響を増やしながら、クリエイティビティとシステム思考のさらなる高みにたどり着く、才能ある個人によって引き起こされることでしょう。それぐらいでなければ、ファッション界から永久に忘れ去られても仕方ありません。

注釈

1：アルバート・ハワードが1947年に発表した『ハワードの有機農業』（横井利直訳、2002年、日本有機農業研究会）とルイ・シュワルツバーグの2019年のドキュメンタリー映画『素晴らしき、きのこの世界』はこの興味深い題材への格好の手引き。

2：チェンジング・マーケット・ファウンデーション、『Fossil Fashion: The Hidden Reliance of Fast Fashion on Fossil Fuels』、2021年

3：国連食糧農業機関（FAO）、国連開発計画（UNDP）、国連環境計画（UNEP）共同報告、『A Multi-Billion-Dollar Opportunity』、2021年。

4：国連世界自然保全モニタリングセンターと国際会議協会（ICCA）コンソーシアムによる分析にもとづき、ベンジ・ジョーズが2021年6月11日にvox.comへ寄稿した記事『Indigenous People are the World's Biggest Conservationists…』に報告されている。

5：Better Buying Instituteもしくは新型コロナウイルスの蔓延中、注文取り消しが相次いだあと2021年に公表されたAmerican Bar Association Business Law Sectionの『Buyer Code』を参照。

テキスタイル・エクスチェンジ
Textile Exchange

インタビュー：サラ・コンプソン（オーガニック・コットン・スペシャリスト）
場所：全世界

非営利団体テキスタイル・エクスチェンジはブランド、製造業者、農作物の栽培者から成るグローバルなコミュニティと協力、テキスタイル・サプライチェーンを通してより目的ある製品作りを目指す。水、土壌、生物多様性の改善策の実践により、2030年までに45%の温室効果ガス排出量削減を目標としている。

リジェネラティブ農業（RA）とは？

世界的に認められている定義はありませんが、人々と地球のためになるポジティブな土地利用法、というのがぱっと頭に浮かぶイメージではないでしょうか——だからこそ農家からファッションハウスに至るまで、たくさんの人々の心をとらえてきたのです。突き詰めて言えば、抽出型・資源集約型の土地管理法から、自然と協調するやり方へと、本当に必要な農業のパラダイムシフトの新たな枠組みです。先住民族のコミュニティは常にこの方法で働いてきましたし、農業生態学（アグロエコロジー）とオーガニック・ムーブメントは長年このアプローチを推進しています。RAはどんな農業システムにも漸進的な改善をもたらすことができるので、新たなコンセプトというより、土地管理法を強化するアプローチととらえるべきでしょう。農業システムをピラミッドとして見ると——大多数を占める持続不可能なアプローチが底辺にあり、頂点にはもっとも持続可能ながら極めて少数のアプローチが来ます——RAは各段階に適用できるエスカレーターのようなものです。これをノルマとするには、すでに成功事例をもたらしているシステムを後押しする一方、リジェネラティブという原則をしっかり守っているサプライチェーンから調達することで、その他の改善を促す必要があります。そのために、テキスタイル・エクスチェンジでは業界のリーダーたちが責任ある原材料選びをするようリソースとガイダンスを与えています。ステップバイステップの親しみやすい指導、そしてたくさんの人たちの行動が、システムを変える力になるのです。

RA認証はアメリカでは必要なのに、なぜヨーロッパでは違うのですか？

RAがアメリカで誕生した背景には、農業は、気候変動、生物多様性の喪失、社会格差などの問題に対する課題と解決策両方の中核になりうるという認識の高まりがありました。RAの原則はオーガニックと密接につながっているものの、“オーガニック”という言葉自体が法律で規定されたために、農家は自分たちのやっていることを勝手にオーガニックと呼ぶことはできなくなりました。多くの農家にとってオーガニックの認証基準は高すぎると考え、RAはオーガニックのような規定なしに農家がサステナビリティを追求できるようにしています。もっとも、厳格な規定があるからこそ、オーガニックの品質が保てるという反論もあるでしょう。アメリカではここ10年、法的手続きの不備によりオーガニック認証制度が原則から大幅に逸脱してしまい、リジェネラティブ・オーガニック認証という新たなオーガニック基準が登場することになりました。これはオーガニック認証をオーガニックおよびリジェネラティブの原則に近づけることを目指したもので、他国の、その多くはヨーロッパですが、オーガニック基準と足並みをそろえています。その規定は基本的な法律の範囲を超えるもの。アメリカのオーガニック法の不備は、他国のそれとは違います。たとえば、ヨーロッパでオーガニック法の中心となるのはアニマルウェルフェアです。

オーガニック認証は健康生態学、公正さ、ケアを実践へと移すツールです——認証には明確な境界線が設けられます——しかし、認証基準は最低値であり、最高値ではありません。多くの農家がこの認証基準を大きく超えていきます。RAの原則ばかりが語られてこの点は見落とされがちですが、認証条件の観点からオーガニック農法と比較すると、後者は正確とは言えません。うわべだけの環境保護（グリーンウォッシング）の話題でRAが出てきたら、必ずもっと詳しく調べていただきたい。温暖化対策の回避は気候変動を認めていないも同じです。主張とは、実証可能な成果を生みだす行動計画に裏付けされていなければならないものです。

ライフサイクル・アセスメントの役割とは？

よいスタート地点ながら、ライフサイクル・アセスメント（LCA）の方法はハイインプットによる集約型農業システムに有利で、オーガニックのようなシステムを表すには不充分になりがちです。それというのも、重要な環境問題すべてを取り扱うわけではなく、農業システムがいかに機能しているかにも触れないからで、間接的影響のモデリングが一貫性を欠く傾向にあります。そのため、これのみに頼るべきではないでしょう。テキスタイル・エクスチェンジは推奨繊維・材料マトリックス（Preferred Fiber and Material Matrix）と“LCA＋”アプローチを通して産業界がこの問題に取り組むのを助け、LCAデータおよびその他のデータソースと測定法を含めて、影響をホリスティックな観点からとらえるよう奨励しています。

ローカライゼーションおよびブランドと農家間のパートナーシップをどう見ますか？

必要な変化を農法にもたらすことのできる農家は、多くの場合その権限を持たないという矛盾があります。農業をうまく変化させるには政策介入が必要でしょう。環境に優しい農業への資金援助とインフラ投資のリスク削減、企業と消費者からの明快な需要、リジェネラティブ農法採用の支援と教育。もっとも、先見の明がある企業はみずから行動に出て、農家と直接かけあい、必要な支援を提供しています。オーガニックコットン関連のセクターを統括する、オーガニックコットン・アクセラレーター（Organic Cotton Accelerator）は、これらの重要な連結を円滑化する組織の最先端の例。テキスタイル・エクスチェンジのオーガニックコットン・ラウンドテーブル（Organic Cotton Round Table）とサステナブルコットン・ラウンドテーブル（Sustainable Cotton Round Table）は、コットンのバリューチェーンに関わるすべての人々が集まる場を提供、オーガニックとRAを世界に広めるための課題とソリューションに取り組みます。農家に直接働きかける傾向が増えつつあるのは、大規模な変化にはバリューチェーン全体でのリスクと報酬（リワード）の共有が必要だという認識が広まったためです——ばらばらで結びつきに欠ける現行のサプライチェーン・モデルではできなかったことです。

28-31ページ：テキスタイル・エクスチェンジはオーガニック・コットン（30ページ）に重点を置くところから始まり、現在では地球に好ましいさまざまな繊維素材の採用を奨励している。自然のシステムやサイクルと調和し、土壌の健康、気候、生物多様性にプラスの影響を与えるリジェネラティブ農業の必要性が最重要課題。

オシャディ
Oshadi

インタビュー：ニシャンス・チョプラ（創設者）
場所：インド

オシャディは2016年創設の婦人服ブランド。ブランド名はサンスクリット語で“自然のエッセンス”“癒しの植物”を意味する。自然を尊び、再生させたいという想いが、プリント加工、染色から紡織、紡績、そして最終的には土壌への還元まで、すべてのプロセスに貫かれている。オシャディはリジェネラティブコットン農園を中心に、古代インドの農法と職人の伝統に根ざすファッション・システムを奨励。オシャディの精神はシンプルだ——奪った以上のものを返すこと。

オシャディを立ちあげたきっかけは？

わたしはテキスタイル業を営む家系の3世代目です。曾祖母はラジャスタン州の出身です。祖父は北インドのような製造業がないと見て、ラジャスタンから南インドへ移り、商人になりました。その後、父が生地の加工とプリントをする工場を経営。経済的余裕ができたおかげで、わたしは一族で初めてイギリスへ渡って教育を受けられました。

わたしは家業を受け継がないつもりでいました。繊維加工業で働く気がまるでなかったのです。家族は大きなテキスタイル工場を持っていましたが、イギリスから帰国して工場の作業員や裁縫師、織工と話をしてみると、みんな魂が抜けているようでした——機械化されすぎていたのです。また、ほんの数％の人々が巨大な富を牛耳り、衣料品工場の労働者たちが犠牲になっていることにも気づきました。贅沢な暮らしを享受しているごくわずかな人たちは、家10軒、別荘を10軒、ゲストハウスやその他の地所まで所有しているのです。

そのためあなたは手織りへ立ち戻った。現在の雇用人数は？

いまでは約120戸の農家と手を組み、裁縫師50人、手織り工が18〜20人、ハンドブロックプリント職人11人を抱え、天然繊維を加工しています。また、協同組合とも提携し、多くの手織りを外注。協同組合への支払いに加えて、織工には個別に代金を支払っています。織工の数は全部で50人。2022年3月には工場の規模を現在の100エーカーから250エーカー（40-100ヘクタール）に拡大し、およそ200戸の農家と直接提携する予定です。

オーガニックコットンの普及法は？

農家に直接働きかけ、有機農法を用いて土壌の健康を回復させ、労働に対して公正な賃金を支払われているかを確認しています。1エーカー（0.4ヘクタール）の土地の検査にかかる費用はおよそ7万ルピー（700ポンド、945米ドル）。インドの農家の大部分はリジェネラティブ農法の知識を持っています。基本的には古くから伝わるインドの農法なのです——目新しいところは何もありません。ブランドとして500戸の農家と提携するとして、必要なのは自分のチームか農業部門に農家の担当者を置き、彼らとともにリスクを負う覚悟をし、何が可能かをともに学ぶことです。

いまではさまざまなブランドがインドの農家と直接関係を築いていますが、それで充分？

市場価格は適正価格ではありません——コットン1キロ当たり（2ポンド強）80ルピーというのは、農家に支払われるべき代金からほど遠いのです。実際にかかるコストが正しく反映されていません。1エーカー（0.4ヘクタール）の生産量は700キロ（1,543ポンド）、刈り取りにかかる費用が5万6,000ルピー（555ポンド、750ドル）——出費を差し引くと残りはたった3万1,000ルピー（307ポンド、415ドル）です。1世帯の半年間の生活費を考えると、1エーカー当たり1カ月わずか5,167ルピー（約50ポンド、67ドル）という計算になります。そして大多数の農家は、農地面積が3エーカー（1.2ヘクタール）以下なのです。

コットンと食用作物の輪作をしていますか？

わたしたちの作物のうち約60%がリジェネラティブコットンです。間作や作物を覆う手間があり、単なる有機作物ではありません――有機農法、インドの農法、古代農法、リジェネラティブ農法はすべて同じものです。有機農家の多くは作物に有機堆肥を与えているだけです。わたしたちは随伴作物や輪作作物に、食用のレンズ豆、緑豆、黒緑豆、ソラ豆、小粒タマネギ、トウゴマ、トウジンビエ、バナナ、パパイヤを育てています。

最初の年にGOTSおよびリジェネラティブ認証を得るのにかかる費用は？

1,000米ドルほどでしょう。費用を支払えば特定の農家1戸が認証を受けられるわけではありません――工場にある施設、紡績、それぞれが認証を受けねばならず……それぞれ追加で1,000ドルかかります。ですから合計で6,000〜7,000ドルにものぼります。すべての土壌の検査にかかる費用は約7,500ドル。畑に検査員を送って農家の人たちとともに害虫を点検、毎週監査をおこないます。これにより農家との連携が強まり、単に認証費用を支払うより透明性が高まります。

生産面での次のステップは？

向こう2年の目標は綿繰りと紡績工場の建設です。もうひとつの計画はサステナブル・デジタル印刷。土壌検査センターも設立したいと考えています。リジェネラティブ農法のコットン畑を200エーカー（80ヘクタール）に増やし、コットン13万キログラム（29万ポンド）、生地にして10万メートル（10,936ヤード）分を生産できるようになりたい。生地の35%は手織り、残りは機械織りです。

手織りの生地を増産し、さらに多くの織工を支援するうえでの障害は？

手織りの生地を増産したいのはやまやまですが、それにはバイヤーからの定期的な発注が不可欠です。求めているのは、1年を通して途切れることのない、定期的な少量の注文です――たとえば1日当たり50～100メートル（55-110ヤード）。ブランド側も理解しはじめてくれています――わたしたちとともに仕事をしている一部の思慮深いブランドは、コレクションをデザインし、生産スケジュールを立てる際に、生産側の事情を慎重に考慮してくれます。

手織りに加えて用いている手工芸の種類は？

手刺繍職人、ハンドブロックプリント職人、手編み職人と仕事をしています。機械刺繍に機械編みも取り入れています。近ごろ編物と織物の工場を建て、月間3,000ユニット生産可能になりました。ほかにも製造過程で出る廃棄物（プレコンシューマー・ウェイスト）を再紡績してTシャツ用の生地を作ることで、ゴミ削減に努めています。

どのようなクライアントが？

クリスティ・ドーン（38-39ページ参照）、Story mfg、Bedstraw & Madder、Heirloom Collections、Apiece Apart、マラ・ホフマン、Abacaxi、All Beneath Heaven、Mohawk General Storeです。

あなたにとってリジェネラティブ・ファッションとは？

リジェネラティブ・ファッションとは長年にわたって破壊してしまったつながりを修復することだと考えます――人のつながり、農業とのつながり、土壌とのつながり、人々とコミュニティとのつながり。敬意を持ってすべての人々に接し、小さな役割しか持たない者にも敬意が払われるようにすることです。

農場でミミズのような小さな生命体が土壌を肥やすのに重要な役割を持つのを見ると、とても謙虚な気持ちにさせられます。これこそリジェネラティブ・ファッションのあり方でしょう――誰に対しても、なんに対しても、等しく敬意を持って関わり、対話する。自分と同じように他者を大切にすることです。

32-37ページ：オシャディは“種子から縫製まで”のサプライチェーンを確立、すべてのコレクションは原料調達、紡績、天然染色、紡織、プリント加工、そして縫製まで、ブランドの工場があるタミル・ナードゥ州近郊の村々でおこなわれる。

クリスティ・ドーン
Christy Dawn

インタビュー：マリン・ウィルソン（リジェネラティブ・プラクティス・ディレクター）
場所：アメリカ

クリスティ・ドーンはクリスティ・バスカウスカスと夫のアラスが設立したブランド。美しいドレスを作りたい、そんなクリスティのシンプルな願いがきっかけだ。夫妻はブランド誕生後すぐに、ドレスを生みだすコミュニティがその過程で大切にされることなくして、美しいものは生まれないと気づく。

デザインプロセスから服が寿命を迎えるまで、あなたの仕事を要約すると？

わたしたちは時代を超えたヴィンテージデザインからインスピレーションを得て、高品質の天然素材を使用しています。ですから、まずは母なる自然を念頭に置いてデザインに取りかかります。コレクションのデザインが決まると、リジェネラティブ農法か有機農法のいずれかで生産された繊維で作られ、生産過程においてわたしたちの厳しい品質基準を満たしていることをサプライヤーとともに確認。ブランドがスタートしたときは——いまもそうですが——デッドストック生地をアップサイクルしてコレクションの一部を作っていました。ドレスが母から娘へ受け継がれること、それがわたしたちの夢です。何世代にもわたって着用されることを前提にドレス作りをしています。

あなたにとってリジェネラティブ・ファッションとは？

親しみと癒しを与えてくれる関係を通した服作りです。輪の中にいる全員が利益を得られるし、そうあるべきだと信じています。リジェネラティブ・プラクティスの核にあるのは癒し。農業で言えば、土壌を癒すことですが、"リジェネラティブ"には単なる農法よりももっと大きな意味があり、生命力を長期的に養うシステム作りと言えるでしょう。再生（リジェネレーション）のすばらしいところは、人によって、ブランドによって同じではないこと。どんなブランドにもリジェネラティブになるチャンスがあります——長期的な報酬を得るべく初期リスクを受け入れさえすれば。クリスティ・ドーンのFarm to Closet（農場からクローゼットへ）コレクション——オシャディとの提携の成果（32-37ページ参照）——は予想をうわまわる成功をおさめ、驚くほど好意的な反響を得ました。スタートを切って証明する、それがわたしたちの口癖です。本コレクションは地球も、農家も、わたしたちも、わたしたちの顧客も、みんながWin-Win（ウィンウィン）になれることを証明しました。

もっとも誇りにしている繊維製品は？

Farm to Closetコレクションで使用した100％リジェネラティブコットン生地、インディゴ・クリンクル（indigo crinkle）です。オシャディとの提携で育てたリジェネラティブコットンから作られているというだけでなく、コットン収穫後の輪作作物を使って染色しました。インド藍というマメ科の作物で、空気中の窒素を取りこみ、コットンの生育に必要な形に変換して土壌に再供給します。

ローカライゼーションが大切な理由は？

わたしはいつもアルド・レオポルド（アメリカの著述家・生態学者）の言葉に立ち返ります。「わたしたちがエシカルになれるのは、自分たちに見えるもの、理解できるもの、感じられるもの、愛せるもの、あるいは信じられるものとの関係においてのみだ」。エシカルな関係を持つには、モノであれ、人であれ、相手と近しい仲でなくては。

向かい側：クリスティ・ドーンの時代を超えたFarm to Closetコレクションは、オシャディの農家と職人の手によりインドで生産されたリジェネラティブ繊維から生みだされる。

SEKEM

SEKEM

インタビュー：コンスタンズ・アブリーシュ（オーガニック・テキスタイル・ディレクター）
場所：エジプト

SEKEMは1977年に創設され、エジプトにおける持続可能な開発を支援、荒地を肥沃な土壌へと再生させている。ネイチャー・テックス（NatureTex）は5つある子会社のひとつで、高品質の有機繊維製品を生産する一方、全体的（ホリスティック）でサステナブルなコミュニティ、国、地球という、SEKEMのビジョンを支えている。

オーガニックコットンの生産における先駆者としてSEKEMの成果とは？

エジプトでは全農耕地の約3%が有機作物の栽培に使われています――これはおよそ20万エーカー（8万1,000ヘクタール）に当たります。コットン生産に使われているのは一部のみで、約2,000エーカー（809ヘクタール）、およそ100人の農業従事者の手で耕作されています。どこも輪作を採用しているため、農場内で場所は変わりますが、栽培自体は基本的に同じ農家が担当します。とりわけコットンには特定の経験が必要なので。現在の生産量よりずっと多くのコットンを使用することが可能ですが、人口密度の高いナイル川デルタ地域には土壌、水、大気の汚染という、その他の制限要因があります。だからこそ2057年までにエジプトで100%オーガニックを目指すというSEKEMの目標が重要になるのです。時間節約のため、砂漠地帯でのコットン栽培をスタートしています。これまでのところ大きな成功をおさめており、3期目に差しかかるところです。

SEKEMのコットンからどんな製品を？

ネイチャー・テックスの製品はすべてSEKEMの工場で作られ、原料はバイオダイナミック農法で作られた作物。ベビー服、子供服、大人用の服――下着、Tシャツ、パーカーを含む――のほかに、ホームテキスタイルを作っています。また、オーガニック生地と糸（紡績および紡織用）の販売もおこなっており、紡績工場向けのコットン繊維も扱っています。ベビーウェアラインではさまざまな人形やぬいぐるみを開発。人形――それにさまざまなサイズのカーペット――を作ることで、裁断くずを約5%削減できます。

2011年の直前までエジプトでの市場は拡大の途にありました。アラブの春後は打撃を受けたものの、セールスはふたたび回復基調に。主な輸出市場はドイツですが、アメリカでも販売しています。現在の主な顧客は4社で、セールスの80%を占めているとはいえ、成長が見込める刺激的なスタートアップ企業約20社とも提携しており、ほかにも長年ともに歩み、本物のパートナーシップを築くに至った小規模な会社がいくつかあります。

“愛の経済（エコノミー・オブ・ラブ）”とは？

わたしたちのエコノミー・オブ・ラブ認証は、デメター・バイオダイナミック・スタンダード（Demeter Biodynamic Standard）にもとづく、農業へのホリスティック・アプローチ。持続可能性を達成するうえでバランスを保たなくてはならない4つの側面が基盤です。環境、社会、経済、文化。文化的側面とは、個人の可能性を広げることのできない者は、持続的に貢献し、全体を豊かにすることはできない、という事実にもとづきます。商品を購入するときに、自問してほしいことが4つあります。商品およびその生産は、生態系に、サプライチェーンに関わるコミュニティに、すべての利害関係者（ステークホルダー）が持つ可能性の解放に、どんな影響を与えるのか？　そして真のコストとは――公正な価格およびサプライチェーン内における公正な価値の分配とは何か？　トレーサビリティ〔訳注：生産・流通過程の追跡を可能にすること〕が鍵であり、これらの問いは完全な透明性を約束します。

SEKEMは成長ではなく、自身のビジョンを広めることを目指しています。その手段とは？

2057あるゴールを16の特定目標に分け、それぞれにグループを割り当てて、具体的な手段でビジョンを開発・発信させています。また、有機農業のためのセンターを設立し、エジプト・バイオダイナミック農業協会（Egyptian Biodynamic Association）、ヘリオポリス大学有機農業学科、そしてわたしたちの職業訓練センターが事業モデルを開発。最終的には700万戸の小規模農家が有機農業へ転換するのを支援する予定です。

SEKEMの夢は緑の大地とコミュニティを作りだし、発展させること。これまでで最大の障害は？

目下の課題は――SEKEMの全活動の動機でもありますが――自分たちの“弱点”をひとつひとつ改善し、可能性を最大限に引きだすことです。わたしたちはホリスティックな人づくりと社会変革を目指す同士のネットワークを“Home for Humanity（人類のための家）”と呼んでいます。わたしは40年近く農場に暮らし、まったく異なるふたつの世界を目にしてきました。たしかに、当時は障害がありました。電気、水、食料に不自由しました。豪雨、それに送水ポンプの故障は深刻な問題につながりかねなかった。ですが、暮らしはもっとシンプルだったのです。人々はコットンの服（エジプトの民族衣装（ガラビア））を着てロバで仕事へ向かい、昼食は自家製のパンと畑で採れた野菜少々。労働時間はいわば存在せず、それでも仕事はなされ、連帯感はとても大切でした。

当時は朝の集まりに参加するのは25人ほど。現在は週に1度およそ2,000人が集まります。連帯感はいまも大切ですが、暮らしはスピードアップし、より組織化されて野心的になりました。リジェネラティブ・リーダーシップはすべての人を受け入れ、誰もが自身の可能性を引きだせるよう働きかけます。自発的なチームはより多くのことを達成し、奇跡を生みだせますが、共感、創造性、そして動機は不可欠です。SEKEMでは全員が労働時間の10％をさまざまな文化活動に充てています。隠れているものを発見して、人々に“命”を吹きこむ。SEKEMは完結することなく、これからも新たな姿へと変化しつづけるでしょう。

40-43ページ：砂漠のオアシスというビジョンのもと、SEKEMはエジプトで初めてバイオダイナミック農法を採用。文化、多様性、包括性（インクルージョン）を尊重する持続可能なコミュニティはいまも組織の心臓部だ。未来のための経済モデルを提供している。

ケイト・フレッチャー　Kate Fletcher

ケイト・フレッチャーはロンドン芸術大学サステナブル・ファッション・センター教授でアース・ロジック（Earth Logic Fashion Action Research Plan）〈earthlogic.info〉の共同執筆者（スウェーデン、リンネ大学デザイン教授マティルダ・タムと）。アース・ロジックはファッション研究者、実践者、ビジネスリーダー、政策立案者に、経済成長論理内で持続可能性が達成できるという考えは作り話で、自然、人々、そして長期的に健康な未来との結びつきからファッションを考えるよう求める急進的な意見書だ。

「再生（リジェネレーション）」という考えの軸にはケアとヒーリングのプロセスがあり、それらはプラネタリー・バウンダリー内における未来のファッションのあり方に不可欠な要素です。地球とシステムの再生、そしてファッションがそのプロセスに貢献するチャンスを見いだすことが何よりも大切です。変化に向ける発想と実践を妨げてきたのは経済成長。考え方を変えることができれば、リジェネラティブ・ファッションは変革の中心となるでしょう。

プラネタリー・バウンダリー内で産業をまわしていくべく、アース・ロジック（地球の倫理）は生産量を75〜95%削減するよう求めています——これは過去20年分のデザインおよび持続可能性に関するさまざまな調査報告書から導きだした数値です。約75%の削減の達成には、資源利用の半減と効率性の倍増が必要となります。ケンブリッジ大学（CU）の報告書『Absolute Zero』では、気候変動に関する目標を達成するには、わたしたちの産業で電力に依存しているすべての部門が脱炭素化することの重要性が説かれています。それに加えて材料消費量を最低でも40%削減する必要も。CUのワークショップでは、材料需要を減らせばいいのではという議論もされました。結論としては、効率向上により、材料の生産と消費が引き起こす負の影響を減らすことはできるものの、効率性だけでは限界に達し、変化に至らないとのこと。効率化すればどうにかなるという通説がいまだに蔓延っているとはいえ、わたしたちにある選択肢は削減のみなのです。ほかに手はありません。

合成繊維は事実上、石油産業によって資金援助されており、それにより低価格が実現、ファストファッションの成長に拍車をかけています。合成繊維は大量の在庫が存在します。これからメンテナンスモードへ入ったら、それらはどうなるのでしょう？　基本的には捨てるか、長い時間をかけて少しずつ消費していく？　そうはならないでしょう。さまざまなイニシアチブが現れ、パッチワークをなして変化を生みだす。国際的な大手サプライチェーンには登録されていないコミュニティが、いまとはまったく異なるやり方で、人々の需要に合わせて服作りをする。産業界の都合ではなく、コミュニティで繁栄する必要があるのです。

6つのアース・ロジック（削減、成長からの卒業、地方化、複数の視点、学習、ガバナンス）を用いれば、減らすことがもたらすメリットを評価する枠組みが作成できます。それに、地域を主体とすることで、利益はコミュニティから流出せずに還元されます。ファッションについて再考し、これまでの考えを改め、特別視をやめる必要があるでしょう。わたしたちは、地球上の遠く離れた地にいる人たちとすばらしい話し合いを持つことができました。アース・ロジックを紹介すると、その場に一様に安堵感が広がります。成長論理のイデオロギーの後ろに隠れることなく、大きな問題に取り組んでいるのが伝わるからでしょう。いまのライフスタイルが失われることは否めません。ですが、この新たな観点からスタートを切ってこそ、未来のファッションのありようが見えてきます。

わたしたちは近々、次の意見書、アース・ロジック・ガーデニング（Earth Logic gardening）を発表します。これはガーデニングの原則とやり方をモデルとし、6つの行動分野における変化の醸成法を理解するもの。わたしたちはその分野で働く人々の支援を試みています――現行システムを際限なく改善するのではなく、飛び越してその先へ進みながら。ガバナンスも模索中で、イギリス北西部で小規模のローカル・ファッション・ガバメントを試験的に実行。大きなソリューションへの期待が高まっています。人々の関心を集めている案のひとつが、緑の回廊のように、優れた実践例をつなげていくというもの。わたしたちはこれをアース・ロジック回廊（Earth Logic corridor）と呼んでいます――共有し、信頼を築き、みんなで取り組むことのパワーを実感できる場。アース・ロジックは現在4カ国語で読まれ、発表以来100万を超える人々の目に触れています。アイデアがすでに実践に移されている手応えがあります」。

サウスイースト・イングランド・ファイバーシェッド

Southeast England Fibreshed

インタビュー：マリン・ウィルソン（リジェネラティブ・プラクティス・ディレクター）
場所：アメリカ

アメリカの非営利団体ファイバーシェッドはリジェネラティブ・テキスタイルと染色システムを地域で開発、世界各地でコミュニティを育成している。イギリスを拠点とするデボラ・バーカーは、バイオダイナミック農法を用いた農場を営む自分の娘とのパートナーシップで天然染色を仕事としており、ファイバーシェッドへの加盟は願ったり叶ったりだった。

ウエスト・サセックスで会社を興したいきさつは？

わたしはファイバーシェッド・ロンドン支部の創設に意欲的でしたが、実現すれば、そこばかりが注目され、農家がふたたび隅へ追いやられるのではと気がかりでした。そこで、大手ブランドで働いたものの、社会格差と環境悪化を目の当たりにして独立したデザイナーのグループをプロウハッチ・バイオダイナミック農場（Plaw Hatch Biodynamic Farm）へ招きました。農場では輪作の一環としてハーブの草地を作ります。この草地はさまざまな種類の植物とハーブからなり、それが生物多様性を支えます――羊が食べ、数多くの虫や蝶の餌となり、今度はそれが鳥や小型哺乳動物の餌となる――一般的にホソムギの単作となる工業型農業との違いです。わたしはミニ・ワークショップを開き、農地を徒歩で案内したあと、農場で作られたオーガニックウールを植物染料で染めてみせました。このウールは寿命を迎えたあとは堆肥となって土壌を作ります。みなさん、目からウロコが落ちたようでした。生地は大地から誕生し、使い終わったらゴミ処理場行きになり、分解に200年もかかるものではないことを理解されたのです。

リジェネラティブ農業の定義とは？

リジェネラティブの意味は盛んに議論されていますが、サウスイーストでは土壌の健康改善を必ず定義に含めます。これはすべての異なるシステムにおよぶため、有機、バイオダイナミック、リジェネラティブのどれでもありえます。わたしたちの活動に農家を取りこむため、メンバーシップ制を導入したばかり。農家が生産した糸を誰かが買い取り商品化されるというサプライチェーンの構築ではなく、直接関係を持つ菌根型ネットワークを目指しています。

今後の計画は？

いまはデザイナーと手を組み、地域の産品でリジェネラティブ・コレクションを製作し、ロンドン・ファッション・ウィークで発表する予定です。ファッション業界は農業シーズンではなく、ファッション・シーズンに合わせて動くため、研究助成金ですら年度内のコレクション完成や研究成果提出を求めてきます。それでは農家相手に植えつけや種まき、加工を交渉する時間が足りません。わたしたちはすべてをペースダウンさせ、デザイナーと農家のあいだにすばらしい関係が築かれるよう配慮しています。デザイナーはウールを選んで――羊の指定まで可能です――肌につけ、ニットウェアに求めるとおりの色作りができます。いずれはデザイナーとブランドが農業と牧羊に投資してリスクをシェアし、ヒエラルキーではなくパートナーシップを構築するといいですね。

向かい側：デボラ・バーカーとウエスト・サセックスにあるプロウハッチ・バイオダイナミック農場のレニー。自家製のオーガニックヤーンはセイヨウアカネの根などの植物で染色。

テングリ
Tengri

インタビュー：ナンシー・ジョンソン（創設者兼最高経営責任者（CEO））
場所：イギリス

テングリの希少な生地はモンゴルのハンガイ山脈に生息するヤクやラクダなど、古くから使われてきた天然繊維が原料。これら希少繊維の品質は、最近まで、テキスタイル産業から長らく軽視されてきた。

あなたの背景について聞かせてもらせますか？

わたしは民族的には中国人で、家族は4世代前からベトナムに住んでいました。戦争勃発時にアメリカへ移住し、そこでわたしが生まれました。母はわたしを保育に預けられなかったので、わたしは小学校にあがる前から母と一緒に搾取工場（スウェットショップ）で働くことに。“アメリカ生まれ”といっても、児童労働はよそと変わりません。それがサプライチェーンと政治問題、そして暮らしについて考えるようになったきっかけです。やがてわたしはソーシャルワーカーになり、余暇には辺境の地を旅するようになりました。そんな中で何よりわたしの心に残ったのが、モンゴル古来の文化の偉大さです。

いまやっていることを始めたきっかけは？

2013年、わたしはイギリスの慈善団体に勤めていましたが、予算削減で職を失いました。それならと、モンゴル行きの飛行機に飛び乗り、遊牧民の家族とともにしばらく暮らすことにしたのです。初日の朝、若い母親がお茶を出してくれましたが、彼女はミルクがないのを申し訳なさそうにしていました。カシミアヤギが牧草を食い荒らしたせいで、彼女の家畜はすべて死んでしまったのです。自然がバランスを保つには地域本来の生態系が守られなければなりません。カシミアヤギは外来種で、安価なカシミアの需要が急騰したために、ほんの数年で4倍に増えてしまいました。

モンゴルは世界第4位の高級繊維産出国ですが、放牧者に支払われるのは1日1ポンド。価格を抑えた大量生産のせいで、産業界は支援すべき人々から搾取しているのが現状でした。在来種の毛を使った、持続可能な代替繊維の開発がおこなわれているのを知ったのもそのころです——ヤクの毛はカシミア並にやわらかく、メリノウールよりあたたかで、においがつきにくく、撥水性があり、体温調節機能を持っています。

わたしは旅を続け、中央アメリカの山中で深い瞑想状態にあったとき、“目標が見つかった！”と悟りました。そこで全財産を手にモンゴルへ戻り、ヤク飼いのまとめ役と会ってこう言ったのです。「わたしにはなんの力もありませんが、ロンドンに拠点があります——ファッションデザイン、イノベーション、国際的ビジネスの本拠地に。イギリスには羊毛紡績の豊かな伝統があり、何かできると思うんです」

その後、ヨークシャーにある家族経営の紡績工場に頼んで手伝ってもらえることになり、ファッション産業のぞっとする秘密まで知りました。カシミアやアルパカ、ビキューナなどの高級繊維は、動物から剪毛する際に最大70～90％がバイオ廃棄物となるのです。

なぜそんなことに？

これらの動物が体にまとう繊維の種類はさまざま——粗繊維、保護毛、中層繊維に下層繊維。繊維には微細な足があり、これがほかの足と絡まることで糸にすることができます。表層と中層の毛は滑りやすいため、糸にすることはできません。もっとも貴重な繊維はおよそ10～20％のみ。セーターやTシャツ1枚に使われる量が400～600グラム（14-21オンス）として、1頭当たり100グラム（3と2分の1オンス）ほどしか採れませんし、モンゴルで野生のヤクを捕まえるのは3人がかり。それを国内で移送して汚れを落とし、剪毛するのですから……。スター

トから終わりまではおよそ2年越し。ファストファッションは自然の本当のあり方を忘れてしまっています。研究開発に2年半を費やし、最初の生地ができました。1トンもの原材料から生産された生地はたった100メートル（109ヤード）。これでは超高級ブランドになるしかありません。

ブランドネーム、テングリの意味は？

ヤク飼いたちが崇めている神の名前です。ブランド名にぴったりで世界に広めてほしいと彼らに薦められましたが、最高の敬意を払うようにとも頼まれました。ですから、最高級の品質を保ち、本物のクラフトマンシップとケアを注ぎこむよう心がけています。また、テングリではどの生地も染色されていません。ミネラルの豊かな大地で草を食んだ動物たちからは、山の生態系に特有な色合いが生みだされるからです。

あなたの仕事から恩恵を得ているヤク飼いの数は？

スタート時には約170戸の家族がいましたが、最初の1年半で約4,500戸と契約しました。かつて無価値だった繊維は、世界が見たこともない色合いを持つ、もっともやわらかで希少な繊維になったのです。ヤク飼いが全員契約すると、地域の協同組合が合併して全国連盟になりました。わたしは他国との交渉の際に代表者になるよう求められ、政府側と話し合う機会を持てました——そこでは地域の意見と土地の保護が考慮されていないことを訴えました。世界市場で直接取引ができるようになったことで、草の根レベルの人々がパワーを得たのです。

サステナブルな働き方とは？

わたしのビジネスはすべて自然にもとづいています。生産量の上限は自然が供給できるだけ。草の根絶を避けられる土地ごとの遊牧頭数を把握しているので、超過することはありません。農家およびヤク飼いとの契約はすべて信頼と長年のパートナーシップにもとづいて築かれ、それが彼らの安全の要にもなっています。初めての商取引成立後、その年は厳冬になることをヤク飼いたちから知らされました。そこで干し草を購入し、家畜をすべて守れるよう、前金を払いました。いまではハンガイ山脈の反対側に暮らすラクダ飼いたちともこのやり方で仕事をしています——いわば地域の素材を調達することで自然を支援し、土地の守り手である人々とともに働いているのです。

48-51ページ：テングリの貴重な繊維はラクダの子供とヤクの下腹部を手で梳いて採取する——毛を梳き取るのはその生涯に1度きり、最初の冬毛が抜ける春におこなわれる。未処理の繊維はその後ヨークシャー、デルフにある工場で糸から生地へと加工される。

H・ドースン・ウール
H. Dawson Wool

インタビュー：ジョー・ドースン（CEO）
場所：イギリス

1888年から続く名高いウール・サプライヤー、H・ドースン・ウールは、ウールの品質を保証するウールキーパーズ（Woolkeepers®）を通してエシカルに育てられたウールを認証、たしかなトレーサビリティを提供する。また同社は再生可能な高性能の天然断熱素材、HDウール・アパレル・インシュレーション(HD® Wool Apparel Insulation)を開発した。

ポストコロナで天然繊維への関心が高まりを見せている要因とは？

サステナビリティは長らくアパレル業界で取りあげられてきましたが、新型コロナウイルスによって、消費者の天然繊維や製品の来歴、トレーサビリティへの関心が高まりました。市場はサステナビリティのさらに先にある生物多様性とリジェネラティブ農業へと動いています。再生可能性なモノやウールが俎上にあがるのは自然ななりゆきです。ウールは究極の再生可能繊維なのですから。

ウールが高機能繊維であることは昔から知られているものの、現代的で使いやすい形にする必要がありました——そこでHD® ウールの誕生です。ウールに工夫を凝らしたことで、合成繊維や羽毛の代わりとなり、炭素排出量削減も実現。通気性、におい抑制、快適さ、比類のない調湿性を提供し、洗濯機で洗濯可能、重さのバリエーションに富んでいます。マイクロプラスチックを排出せず、生分解し、廃棄物、トレーサビリティ、ローカライゼーションという点まで配慮されています。この1年での変化は、いまやブランドがウールを求めるようになったことでしょう。新型コロナウイルスはアウトドア・アクティビティへの関心も加速させました——心と体の健康のため、野外へ向かう人が増えたのです。在宅勤務も追い風です。自宅で使うのにウールはとても快適で万能です。

ニュージーランド産ウールはCO2の吸収量が排出量を超過する状態なのに英国産ウールはそうでない理由とは？

ニュージーランドのウール産業はより組織化されていて、さまざまなエコ認証制度に科学的検証をおこなってきました。イギリスのウール産業にそれができない理由はありません。ウールは化学繊維よりCO2を排出するという誤った情報は、化学繊維産業側の研究結果です。ウール産業はこれに反論しようにも財源不足で研究費が出せません。わたしたちのオフィスはヨークシャーのソルトミルにありますが、地元の農家で農地の炭素貯留量を調べたところ、非常に高レベルの炭素が土壌に貯留されていました。

ウールキーパーズ（Woolkeepers®）計画とは？

多くの原材料と同様に、英国産ウールは市場価値が低下し、いまや毛の生えた羊はいらないと農家が言うまでに。このすばらしい素材に適正な価格が支払われないことに異議を唱えるため、ウールキーパーズ（Woolkeepers®）コミュニティを結成しました——これは透明性と協力を通してブランドと農家へよりよい働き方を提供する枠組みです。生産者には市場への新たなルートを与え、消費者にはウールの来歴が見えるように。すべての基本にあるのは公正価格の確約です。

52ページ：ウールキーパーズ（Woolkeepers®）は農家、アニマルウェルフェア、リジェネラティブ農業に焦点を当てた新しいコミュニティ。

ベル・ジェイコブス　Bel Jacobs

ベル・ジェイコブスは元ファッションエディターで、現在は気候正義（クライメート・ジャスティス）運動家、動物擁護者、ファッションの代替システムの提唱者だ。脱成長を目指して服飾習慣の裏にある価値観を変えようとする活動団体ファッション・アクト・ナウの共同創設者で、ファッション・イン・スクールズ・プロジェクトの創設者。

「毛皮と皮革製品が環境に与える影響は現在消費者が理解しているよりはるかに深刻で、とりわけ皮革製品に関しては、あらゆるものに使われつづけています。皮革製品は適切に管理された食肉産業の副産物で、代替収入源として活用されなければ廃棄されるといまだに思いこんでいる人が大多数。ところが、需要の増加により、皮革は副産物ではなくなっているのです。いまや連産品であり、動物の市場価値の5〜10％を占めるまでに。畜産関連なので、畜産に起因するあらゆる問題とも関わりが。炭素とメタン排出量は壊滅的なレベル、工業規模の森林破壊とそれにともなう生息環境と種の消失、水と土地の汚染。地球のために食肉を削減するなら、皮革製品も削減しなくては。また、柔らかい、元々は生き物だった繊維を、何十年もの耐久性のあるものに変えるには、有害な工程を経る必要があります。皮革の丈夫さは作られたもの。皮なめし工場がアメリカやヨーロッパから、人、動物、環境に対する規制がゆるくて存在しないも同然の発展途上国へ押しやられたのは理由あってのことです。

毛皮の時代が終わったのは当然のこと。2021年9月、ラグジュアリー・ブランドグループのケリングは、2022年の秋から動物の毛皮を使用しないことを発表。現在、毛皮のうち工場式畜産で生産されるものは80％にものぼり、環境と動物にあらゆる被害をおよぼしています。たしかに、毛皮の撲滅は皮革製品より簡単です――ワードローブにもたいした量は入っていません。ですが、皮革製品の時代にも終わりが近づいています。問題は“革に取って代わるものは何か？”です。

わたしは動物愛護活動家です。ファッションのために動物を殺すのは道義に反しているというのが、わたしの信念。動物への暴力は蔓延し、組織化され、それにより利益を得る者の力で隠蔽されています。動物のトラウマは、あなたが想像する1000倍です。けれどもさまざまな人権・動物擁護団体の優れた努力のかいあって社会は変わりつつあり、近い将来、ブランドと消費者は、エシカルなファッションの未来に皮革製品の居場所はあるかという難しい問いを自問することになると、わたしは信じています。

ファッション産業へ毛皮を供給するため、1億頭もの動物が集約農業で飼育され殺されている。皮革の生産に毎年38億頭もの牛が殺されている。わたしは中国での皮革産業を取りあげたドキュメンタリー映画、『わが愛しのハイヒール』を観て、そこで描かれた虐待への抗議としてヴィーガンになりました。意識のあるまま皮を剥がれているように見えた動物が少なくなかった。そう言えば充分でしょう。アジアの皮革産業に関する映画でも同じ光景を目撃しました――動物は意識のあるうちに皮を剥がれても死なないのです。皮を剥がれて助けを求める動物の姿ほど痛ましいものはありません。世界の生皮の半分以上はアニマルウェルフェアがまったく顧みられていない発展途上国で産出されているのを考えると、苦痛の規模は想像を絶します。

先進国においてさえ、皮革に関するアニマルウェルフェアはないがしろにされています。ATSM、エコテックス（OEKO-TEXR®）・レザースタンダード、レザーワーキンググループ（LWG）などの認証は、皮革製品に有害な化学物質が含まれていないかを重要視しがちです。それは基本的なことではあるものの、タンジー・ホスキンズ（110-111ページ参照）が著作『Foot Work』で指摘しているように、「全皮革製品の約50%を占める靴の話をするのに、その皮膚を使われている動物については話をしないのは、現実に対する冒涜です」。

皮革製品の真実を知る人はあまりに少ない。動物を愛するファッションエディターとして、毛皮はタブーだったけれど、レザーは見落としていました。しかも当時は高級フットウェアが一大ブームを巻き起こしていたとき。雑誌のページを飾ったたくさんの靴やハンドバッグを思い返すと胸が張り裂けそうになります。ものの見方の変化としては興味深いかも。かつては革のハンドバッグとして見えていたものに、いまでは短い命と残虐な死が見えるのですから。そんな苦しみに加担するのをやめることができて幸いでした。畜殺場の血まみれの床を目の当たりにしたら、多くの人が同じ選択をすると信じています。いまや人類の滅亡は避けられない未来になりつつあり、ほかの種および人々の搾取がようやくそれと結びつけられていることに、わたしは希望を寄せています。新たなモラルの時代には、知性ある動物の命がわたしたちの命同様大切にされることでしょう――毛皮のコートやハイヒールよりも大切にされるのは無論のこと」。

ボルト・スレッズ
Bolt Threads

インタビュー：ダン・ウィドマイヤー（CEO兼創設者）
場所：アメリカ

カリフォルニアを拠点とする素材開発企業、ボルト・スレッズは2009年創設。自然にインスパイアされ、サステナブルな未来を目指して最先端の素材を開発している。その技術は石油由来のポリマー、有害な加工法、非生物分解性生地を過去のものとして、再生可能素材やクローズドループ生産を主流へと導く。

ボルト・スレッズの製品とは？

主要製品は3つ。菌糸体由来のマイロ（Mylo™）は、合成繊維および天然皮革の代替素材。化学物質の環境負荷低減（グリーン・ケミストリー）の原則を用いて科学者と技術者がライフサイクルへの影響を減らすようデザインし、エシカルな労働環境作りと生産を徹底しています。マイクロシルク（Microsilk™）繊維は、水、砂糖、酵母、塩などのクリーンな素材を使って作られたヴィーガンシルク。ビー・シルク（B-silk™）プロテインは再生可能素材（砂糖、水、酵母）から成る生体材料（バイオマテリアル）で、美容、テキスタイル、医療などに幅広く適用可能です。

マイロ（Mylo™）共同事業体（コンソーシアム）とは？

アディダス、ケリング、ルルレモン、ステラ・マッカートニーと、4つのアイコニックブランドとの類のない共同パートナーシップです。ボルト・スレッズはこれらのブランドとともにマイロ（Mylo™）素材を消費者のもとへお届けします。製品の販売開始は2022年を予定。消費者向けのバイオマテリアル生産において、本コンソーシアムはこれまでで最大の共同開発事業。ここではエコシステム・アプローチを取り入れ、各エコシステムが参加し、資源と知識の共有を通して相手に利益を与え、最終的には、生みだされた価値を分かち合います。

あなたにとってリジェネラティブ・ファッションとは？

リジェネラティブ・ファッションとは、ファッション製品生産の一環であるエコシステムを、枯渇させるのではなく、補充すること。このエコシステム内で、再生（リジェネレーション）には多様な活動が含まれるでしょう。再生可能な、有機素材の活用、再生可能エネルギーの使用、社会基盤の構築、炭素貯留、土壌の健康改善などなど。現行の皮革産業は持続可能性という点で深刻な問題に結びついており、食肉産業の単なる副産物と見なすことはできません。大規模な畜産は森林破壊、水や土地の過剰使用、温室効果ガスの排出など、環境に深刻な影響を与えます。革の生産目的を含め、牛の放牧のためのアマゾン森林伐採は、気候変動の一因です。

あなたを仕事へ駆り立てるものは？

地球の人口が10億人なら大丈夫でも、100億人となるとそうはいかない。これは自明の理です。原料問題へのより賢いソリューションがこれまで以上に求められています。より優れた素材を開発する答えは生物にあると考え、わたしたちは自然にヒントを求めています。その一例が菌糸体です。自然をヒントに、環境フットプリントを減らして、拡張可能な新しいソリューションを開発し、消費者が手に取る商品のために、イノベーションに満ちた素材を作ること。それがわたしたちのミッションです。

56ページ：菌糸体は成長すると高密度の網状組織を形成。トレイ上で生育環境を管理して作られたシートを革と同じように加工、なめし、染色することでマイロ（Mylo™）が生みだされる。

アルギニット
AlgiKnit

インタビュー：テッサ・キャラハン（共同創設者兼CEO）
場所：アメリカ

テッサ・キャラハン、アーロン・ネッサー、アレクサンドラ・ゴシエフスキーにより設立されたアルギニットは、エコで再生可能な次世代の糸を作るデザイナーと科学者のグループ。

アルギニット設立のきっかけは？

アレックス、アーロンとわたしは美術学校へ入学し、ずっと入りたかったクリエイティブな業界で働けるのを楽しみにしていました。3人ともイノベーションとデザインを愛する学生だったのです。2016年、学生が新分野のバイオ技術を作る国際コンテスト、バイオデザイン・チャレンジ(Biodesign Challenge)に参加、繊維と布作りのための真のサーキュラー・アプローチとなりうる原材料探しに取り組みました。目指すは簡単に手に入り、いかなる生合成も必要とせず、それでいて地球にプラスの影響を与える有機体の発見です。最終的に昆布から採れるバイオポリマーにたどり着き、技術的にはビスコースやアクリル樹脂の生産方法に近い、湿式紡糸で繊維を生産できることを突きとめたのです。

海藻とその可用性を徹底的に調べるうちに、そのすばらしさの虜になりました。海藻はCO2を貯留して水質を改善、海洋酸性化を減らす一方、現在使われている石油由来の合成素材が持つマイナス面がいっさいありません。コットンなど、従来の天然繊維と比べても、海藻は耕作地を必要としないため土壌の劣化がなく、農薬は不要、水は海水でいいので、これらの心配がありません。

昆布の調達法と調達先は？

世界各地にいる多数の昆布生産者と契約しています。天然の昆布はその土地の生態系に影響を与えるので採取しません。各生産者にはそれぞれの収穫法があり、養殖ロープを使ったり、海底に種付けして先端だけをカットし、成長を続けさせたり。

ポリマーの抽出では、現在はヨーロッパ、南アメリカ、アジアの企業と提携しています。今後はさらに多様な場所からの調達を計画しています。これはますます多くのイニシアチブ、共同プロジェクト、コングロマリットが抽出と供給の拡大を求めているためです。わたしたちもより柔軟に地域ごとの生産方法を奨励していく予定です。採取したポリマーは乾燥させることでリスクなしに生の昆布より長期保存が可能になります。残念ながら、少なくともアメリカでは、昆布の生態系はごく新しいもので、採取には至っていませんが、国

内の昆布生産と開発はこれから進むことでしょう。今後10年でアメリカおよび世界中の国々が昆布の豊富な恩恵と副産物を享受するようになると期待しています。

サステナビリティという点で昆布を比較すると？

現在、合成繊維の生産で使用されている設備とインフラには有害な化学物質が大量に使われています。昆布では同じインフラを使用しますが、化学物質を水性の溶剤に置き換えるので、化学的な有害物質をいっさい使わずにすみます。

合成繊維との比較では、マイクロプラスチックの排出はゼロ。わたしたちの素材が環境におよぼす影響は、社内および第三者分析機関が評価、これは今後も続けます。最初の調査では、従来の繊維と比べてめざましい改善が見られました。たとえば、アクリル樹脂と比べると、CO2の削減率は90%を超え、生分解の速さはポリエステルの1,000倍以上。コットンなど、陸上で採れる農産物との比較では、農薬・殺虫剤はまったく使わずにすみ、真水の使用量は90%以上減らすことが期待できます。

現在、世界中で毎年数百トンもの昆布が生産されています。まだすべての製造システムとサプライチェーンを把握していないため、低炭素評価は充分におこなえていません。また、CO2を吸収して貯留する昆布の能力も調査中です。CO2削減という側面からも、わたしたちの繊維は重要になると期待しています。

進捗状況は？

現在、わたしたちが作る繊維と糸はファッション産業での使用を対象とし、中でも既製服、フットウェア、スポーツウェアがターゲット。インテリアや自動車など、内装での需要も見込んでいます。わたしたちの素材をほかの天然繊維と組み合わせることで製品の汎用性を高め、広い分野で使われて、影響を拡大できます。

利用しやすさ（アクセシビリティ）を拡大・最大化するのがわたしたちのミッション。それと同時に、開発に力を注いで、わたしたちの製品が産業界と地球全体のニーズおよび課題に独自のやり方で応えられるようにしたい。そのために、製造と製品試験の両方で、選び抜いたブランド・コングロマリットとの共同研究を続けています。最大限の影響を生みだすには、大量生産に乗りだして、毎日消費者の目に触れるような製品作りを目指す必要があると、固く信じています。ですから、市場内で競争力のある価格を実現し、一次産品市場や独占システムの罠に陥らないようにしなければなりません。

58-61ページ：アルギニットは海藻から作られた繊維や糸で新世代のエコ素材を開発。

オレンジファイバー
Orange Fiber

インタビュー：エンリーカ・アレナ(CEO)
場所：イタリア

オレンジファイバー技術はオレンジジュース産業の出す搾りかすから抽出したセルロースを活用――産業副産物から作りだされた持続可能な繊維はラグジュアリーセクターで使われている。

オレンジのゴミを使う利点は？

セルロースは使用済みフルーツの重量の60%を占め、抽出しなければただのゴミになります（イタリアでは毎年70万トン以上が廃棄）――これは産業と環境にとって大きな負担です。また、天然資源を守りながら、セルロースでテキスタイルの需要に応えることにもなります。2014年に特許を取得、オレンジジュース主要生産国に手を広げ、有望な市場にわたしたちのソリューションを普及させることで、影響力を高めています。目下のところはオレンジの皮にターゲットを絞っています。これは、たとえばレモンの皮とは違い、オレンジは二次市場を持たないからです。ですが柑橘類の皮から作った生地全般で特許を取得しているので、すべての柑橘類を視野に入れています。

生産している生地はどのようなもの？

2016年に発表した生地コレクションはツイル、ポプリン、ジャージーなど。これらはそれぞれオレンジのセルロース糸とシルク、コットン、スパンデックスの混紡です。どれもとても上質で肌触りはなめらか。最近ではオーストリアの繊維メーカー、レンチング・グループ（Lenzing Group）と共同で、初めてオレンジと木材パルプからテンセル（TENCEL™）ブランドのリヨセル繊維を開発。汎用性に富むこの素材はデニムからレジャーウェア、スポーツウェアまで開発の可能性を大きく広げました。

オレンジファイバーの生地を使用したブランドの例をあげると？

オレンジファイバーの生地を最初に使ったコレクションは、2017年のアースデイに発表されたサルヴァトーレ・フェラガモのコレクションです。このコラボレーションではお互いのエシカルな価値観を表明し、サステナブルな生地のエレガントさと可能性を紹介。2019年には、H&MのConscious Exclusiveコレクションに生地が使われました。同年、ナポリの高級紳士用品ブランド、マリネッラ(E. MARINELLA)の高級ネクタイ・カプセルコレクションではわたしたちの生地が評判に。2021年ローマで開催されたG20サミットでは、オレンジ繊維で作られたマリネッラのネクタイとスカーフがイタリア政府公式のプレゼントになりました。

今後の計画は？

次のゴールは、生産力を拡大してさらなる資金を調達、ブランドと長年にわたるパートナーシップを結んで、新たに生産施設を設立することです。寿命を迎えたオレンジファイバー製品をどうするかも模索しています。切迫した環境・社会問題に直面しているいま、現状を変えることに貢献したいという想いがわたしたちを突き動かしつづけています――つまりは従来型の原材料を調達するモデルに変革をもたらし、天然資源への影響を削減して、未来の世代のためにわたしたちの地球を守る、持続可能な循環型モデルへ切り替えることです。

62ページ：ジュースのために搾られたフルーツの半分以上は副産物として使用されることなくゴミに。オレンジファイバーはこのゴミをサステナブルな高級生地に変身させる。

LOOK!
TRIMS
DIVERSIFY

ザ・サステナブル・アングル
The Sustainable Angle

インタビュー：ニナ・マレンツィ（創設者兼ディレクター）
場所：イギリス

非営利団体ザ・サステナブル・アングルはファッションとテキスタイルにおける持続可能性を推進するプロジェクトを展開。2011年にはフューチャー・ファブリックス・エクスポ（Future Fabrics Expo）を開催した。これは世界各地で調達され、商業化が可能な、持続可能で、責任を持って生産された生地と素材に特化した世界最大の展示会だ。

現在の状況をどのように見ていますか？

状況は最悪で、これを変えなければならないという認識が広まっています――企業もようやく点と点を結びつけ、ブランド内の異なるチームが手を組みだしました。たとえば、マーケティングとデザインのチームが縦割り型にやるのではなく、同じテーブルに着いてトップが定めた目標をともに実行する。いまではサステナビリティを一過性の流行として語る人はいなくなりました。将来へ目を向ければ、企業としても――気候変動と生物多様性消失という双子の危機への対応に加えて――水や肥沃な土壌を大量に必要とする繊維の使用をやめる理由は充分すぎるほどあるのがわかるはずです。繊維問題をどうにかしなければ、5年後にはにっちもさっちもいかなくなります。

気候と生物多様性の危機解決の基本となるのは、自分たちは自然の一部だという認識です。わたしたちが触れるもの、身につけるものは、すべてもとをたどれば土から生まれています。政治状況は変化しました。3年前（2019年）、ファッションにまつわる問題をまとめた報告書『Fixing Fashion』が発表されましたが、イギリス政府はそこで示された意見をいっさい国会で取りあげませんでした。COP26後のいまなら、状況はまるで違っていたでしょう。

いまや株主たちもしかるべき質問をするように。以前は、企業が利益をあげているかにしか関心を持たなかったのが、すべての問題は結びついていることを理解するようになりました――地球に負担を与える原材料を使っていてはもはや利益をあげることはできず、最終的にはそれらが引き起こす汚染のせいで税金をかけられる恐れがあるのだと。汚染は考慮に入れるべき外部要因です。政界の理解が進めば、汚染への課税は政府の歳入源になりえます。これは“汚染者負担原則”の適用です。

革新的な小規模ブランドがすばらしい商品を短期間に開発していることには、多くの大手ブランドも気づいています。大手ブランドにとっては不利な状況です。本当にクリエイティブな考えの持ち主は、汚染物質を使おうとはしないはず。彼らは先を見越し、既存の枠にとらわれない考え方をします。これから現れる優秀な人材を惹きつけるには、より責任ある行動を取らなければなりません。

環境、社会、ガバナンスという、いわゆるESGの観点からは、どのような手段が登場するでしょうか？

状況はどんどん変化しています。COP26以後はなおさらです。ファッション業界における再生可能エネルギーへの転換はすでに始まっています。オーガニックコットンTシャツの生産工場が石炭燃料を使っていたらなんの意味があるでしょう？　この転換には行政支援が必要です。

素材の持続可能性や再生性の度合いを知るのは難しい？

特許や専有情報の裏に隠れる企業はたくさんあります。たとえば添加剤やコーティング剤など、外部の人間にはなかなか調査できないものが含まれていることもあるでしょう。課題はありますが、着実に進展しているのはたしかです。認証も助けになっています。アウトドアウェアを除いたポリエステル製品の製造は中止すべきです。頻繁に洗濯することで、リサイクルポリエステルもバージンポリエステル同様、マイクロファイバー汚染の原因になるのですから。しかし、興味深い進展もあります。サーキュラー・システムズ社（Circular Systems™）はアグラループ（Agraloop™）技術を使って画期的な繊維を生産（キャプション参照）。リフィブラ（REFIBRA™）技術は裁断時に出る端切れ、つまりはプレコンシューマー・ウェイストをテンセル（TENCEL™）に混紡。高級生地を食品廃棄物で染めて美しい色を作りだす日本の大手企業まであります。

ファブリックス・エクスポの今後の役割は？

10年前はリサイクルポリエステルやオーガニックコットンなど、環境への影響を削減すると考えられるものはなんでも展示し、ファッション業界の人たちがそれらの素材をできるだけ見つけやすいようにしていました。こんにちでは、環境への影響が低いものを並べるだけでなく、プラスの影響を実際に与えられるものの展示を目指しています。ファッションは気候変動危機の解決の一助を担い、変化を生みだす手段にならねばなりません。たとえばリジェネラティブ農業は、原材料の栽培を通して炭素貯留をはかることが可能で、自然にもとづくこのような解決策はいますぐ実施できます。2035年や2040年まで待っていては、気候変動危機は確実に悪化します。

展示される生地の数は？

2020年のファブリックス・エクスポでは8,000～9,000点のあいだでした。毎月のように新たな企業が出てきて、新しいアイデアが形になっています。もちろんまだ多少の制限はありますが、素材革命はすでに始まっています！

左：アグラループ（Agraloop™）は農作物（搾油用亜麻、CBDヘンプ、バナナ、パイナップルを含む）から抽出した天然繊維を、テキスタイルに使用できる繊維、アグラループ・バイオファイバー（Agraloop™ BioFibre™）に精製——循環性を大切にする新たな天然素材だ。茎や葉から抽出されたセルロース繊維は特殊加工技術で洗浄されたあと、糸用のやわらかな繊維束に。

コモン・オブジェクティブ
Common Objective

インタビュー：タムシン・ルジューン（CEO兼創設者）
場所：イギリス

コモン・オブジェクティブはマッチングエンジンだ――つまりはファッション業界のためのビジネスネットワーク。Eコマースサイト、アリババのビジネスモデル（大規模リーチのオープンアクセスソース）を最新技術で改良、セールスをアップし、持続可能なサプライチェーンを構築できるよう、ファッション業界のプロたちへ市場にマッチした商品作りのためのコネクションとリソースを与えている。

あなたのコミュニティの現状は？　ポジティブな変化をどのように奨励していますか？

コミュニティの3分の2はデザイナー、ブランド、チーム、学生、大学院生、研究員――つまりはファッションの買い手側で働く人たち――からなり、残り3分の1はサプライヤーと団体です。現在の加盟数は4万を超え、5万を目指しているところです――まだまださきやかで、業界全体として違いを生みだすのは無理です。わたしたちのゴールは企業100万社が加盟し、社会的、環境的目標をビジネスの目標と一致させ、3方向から働きかけることです。それにはインセンティブを与えるのが重要です。わたしたちの狙いは、ランク付けにより、持続可能性をコストからチャンスへ変えること。企業の持続可能性が高いほどランクがあがり、それが顧客の増加へつながります。

コモン・オブジェクティブが与える影響をどう評価しますか？

オンラインプラットフォームであることのメリットのひとつは、データ収集ができること。わたしたちが検討する数値はいくつかあり、ひとつがコンテンツ。コンテンツの閲覧回数は20万回近く、それによって毎月1,000以上の新規メンバーを得ています。すべてのビジネスには得点をつけ、複数の方法で評価。サステナビリティ・ポリシーの有無は明確な評価基準となります。現在、加盟している80%以上がサステナビリティ・ポリシーを持っているか作成中。リーダーシップ賞も設けており、トップテンに入るには、ビジネスモデル自体がサステナブルであることが必須です。

加盟者は現行のモデルに疑問を？

成長に依存した経済モデルと持続可能なビジネスは両立しません。ですからさまざまな手段を使ってルールを変える必要があります。わたしたちが選んだのは、よりよいビジネスのためのインセンティブ。もうひとつが消費者行動です。さらに法の規制があれば、状況はほんの数日で変わるのですが。世界規模で法律が変わらない限り、わたしたちの産業も変わらないでしょう。社会・環境・ビジネスが損益を共有するというアイデアは、非現実的なものかもしれませんが、システムを変えられる可能性があります。政府は、ある程度まで、企業の経済活動を管理しています。ですから、企業には年次報告書を提出し、その内容を説明する義務がある。政府と国際機関が企業の年次報告書に社会および環境へおよぼす影響を記載させれば、よりよい形の資本主義が実現するでしょう。

68ページ：コモン・オブジェクティブのサイトでプロフィールを作成すると、コンテンツ、トレーニング、サプライヤー、バイヤーとのマッチング結果が出る。サステナビリティは必要条件ではないものの、検索ランキングが上昇する。

クレア・ファレル Clare Farrell

長年サステナブル・ファッションに取り組んでいるクレア・ファレルは、環境保護団体絶滅への反逆（Extinction Rebellion, XR）の共同創設者。2018年設立のXRは地球規模の環境運動で、気候システム、生物多様性の喪失の限界点と、社会的および生態学的崩壊の危機を避けるため、非暴力にもとづく市民の不服従により、政府に対して行動を求めている。

「効率性のパラドックスの背景には脱成長の余地があります。『In Defense of Degrowth』（2017年）で著者のギオリゴス・カリスは、石油の効率性パラドックスに気づいた20世紀の経済学者ウィリアム・スタンレー・ジェヴォンズに言及し、蒸気機関車の登場で技術的効率性は改善したものの、石炭の使用量は実際には減るどころか増加したことを指摘。効率性は使用量を減らすと考えられがちで、持続可能性問題の根幹にあるパラドックスのひとつ。システムの効率化により、あたかも経済にとってそれが正しいかのように廃棄物が出されるのは、ファストファッションでも同じです。

文化を根底から変えるには時間が必要です。修復が必要になる前に被害をおよぼすのをやめるよう、せめて10年前に必要な制度を作り、合意に至っていればよかった。大胆なアプローチとは、バイヤーに生地の新たな品質を受け入れて人々に適切な価格を支払うよう求める一方で、植民地化も同然の途上国搾取を終わらせ、真実と和解、贖いというさらなら大きな問題を理解することです。これは政治家を退場させて市民に権限を与えるよう声をあげる、XRの大胆さにも通じます。ただし、求めることなしに実現はしません。脱成長がすばらしいのはその哲学的な豊かさゆえです。しかし多くの人々にとって脱成長はまだまだ理論でしかないでしょう。小さな一歩を誰もが知りたがっている。しかも利害関係者（ステークホルダー）が大勢いることも問題を複雑化し、彼らはお互いに遠く離れていて面識がないのです。さて、どこから始めればいいでしょう？

サンドラ・ニーセン（204-5ページ参照）ほど急進的な著述家にはしばらく出会ったことがありませんでした。彼女は欧米諸国が支配するファッション・システムと人種差別の関係について率直に述べ、資本主義には犠牲となる地域がつきもので、犠牲となる地域では人々が使い捨てにされ、人々が使い捨てにされるのはそこに人種差別があるからだと説明。彼女は公正な賃金を目指す欧米諸国の動きに深い批評をしています。それはこの巨大産業による文化的な影響が全く見落とされ、単一の服飾システムが優勢であることを許しているからです。他文化や他民族の服飾には手工芸（クラフト）やノンファッションなどと、別の名称が与えられています。どうして“ファッション”は欧米諸国の衣服のみを指すのでしょう？

イギリスの環境問題研究家兼ライターのジョナサン・ポーリットは、ポッドキャスト番組Ethical Agendaに出演し、企業が本気なら自身の不利益を顧みず法律の施行を求めるだろう、という趣旨のことを話しました。たしかにそのとおりです。株主のために利益の最大化を謳う法律をいかに変えればいいでしょう？　自社の価値を下落させることになっても、株主優先だからCEOには何もできないと言われています。わたしたちの文化は勝つか負けるかのゲームになってしまった。地域本来のあり方と世界とともにあるすべを少しでも考えれば、受容の心を見いだせるのに。わたしたちのシステムには勝つか負けるかしかなく、ファッションビジネスはピンと張りつめたゴム紐のよう。将来、世界的な農業危機によって打撃を受ける運命にあるのを認めさせることができたら、自分本位な欲求を手放させることができるやも。ファッション界は変わる準備をし、いまの状況は競争、搾取、社会的地位の上に成り立っているのを認めなくては……。

XRのアート部門は、体を使ってメッセージを発信するボディポリティックというプロジェクトから生まれました。広告費がないなら、声明を体にまとえばいいじゃない、と考えたのです。メッセージをペイントしたジャケットや服を作るところからスタートし、一般参加型のワークショップを開いて配布用のパッチを作り、自分たちで服に縫いつけられるようにしました。どれも販売目的ではありません。言葉やアイデアが満載の生の声を記録し、その中でいちばん人気のメッセージは“共感”でしたが、“複雑さ”“愛”“好奇心”“謙遜”などという言葉もありました。次に考えたのはアイコンやイメージを使って伝える方法。絶滅マークを発見したのはこのときで、マークには所有者がいました。わたしたちは使用許可を求め、結局、自分たちのものではないシンボルを使うことに！　これは悪くはない問題です。チャリティTシャツを作れと言われても無理なのですから（マークは非営利使用目的に限定）。XR製品の製作はそれ自体が、お金で買えないものもあるという声明です」。

PEOPLE, LIVELIHOODS & CRAFTS

人々と暮らしと手工芸（クラフト）

安い商品を買うとき、もしくは買おうとするときは……
誰かの労働を搾取していることを……
彼らの仕事に対する適切な報酬を奪って
自分の懐におさめていることを思い出しなさい。
そんな安値で提供されている裏には生産者の苦しみがあることは、
あなただって重々わかっているはず。
あなたはそんな苦しみを食いものにしているのです。

『The Two Paths』ジョン・ラスキン、1859年

ラティファと会ったのは彼女のワンルームの小さな部屋。2016年、わたしの著作『Slave to Fashion』（2017年、未邦訳）の取材でバングラデシュの首都ダッカのスラムを訪れたときのことです。彼女は年齢28歳、糖尿病を患い、夫と暮らしていました。14歳になる息子はラティファが生まれた村で彼女の母親と生活。村まで行くには1日がかりで、滅多に会うことはありません。息子の写真を見せてほしいと頼むと、赤ん坊のころの写真しかなく、それが哀れでした。「もっと稼げたら、息子ともっと一緒に過ごせるのに。週に1度休みが取れたら息子に会えるのに」。気候変動やゼロ炭素社会への移行でもっとも悪影響を受けるのはラティファのような人たちです。

人類を救うためにはファッション産業の生産を75%もしくはそれ以上削減しなければなりませんが、それは数百万もの職が失われることを意味し、その多くは雇用喪失をこうむる余裕などない、カンボジア、ミャンマー、バングラデシュなど、既製服の供給が経済の大部分を占める国々です。だから、環境への負荷を減らして自然界の再生を目指すのと並行して、暮らし、技術、コミュニティの再生化をはかり、すべての人々が貧困から脱出できるようにする必要があるのです。サステナブルな未来への移行が包摂的（インクルーシブ）なものとなり、ラティファや彼女の夫、息子、それに彼女たちのような何百万もの人々が貧困や隷属を強いられ、いわゆる先進国が世界の資源や資産をむさぼりつづけることのないようにしなくては。

2020年、経済人類学者のジェイソン・ヒッケルは雑誌『The Lancet Planetary Health』でこう指摘しています。「グローバルノース（グローバル化の恩恵を受けている北の先進国）はプラネタリー・バウンダリーにおける排出量超過分の92%を占めているが、破壊の被害をまともに食らうのはグローバルサウスだ。気候崩壊は大気の植民地化と言うことができ、植民地線をたどるように展開している[1]」

現代の奴隷制度の根絶

残念ながら、ファッションセクターには“公正な移行”への土台がありません。法規制は脆弱で、執行されることはまれ。工場には2種類の賃金台帳があり（1冊は労働監査官への提出用、もう1冊はその3分の2にしか支払われていないことを記した本物の台帳）、環境検査がおこなわれる日には工場沿いの川に汚染物質が垂れ流しになることはないものの、検査員が帰るなりドバドバ排出されるというのはお決まりのジョーク。商品価格が実際の生産コストを下まわっているのだから、労働条件は往々にして不公正そのもの。世界各地で計り知れない苦しみを味わう貧しい労働者が生みだされ——その多くは女性たちなのです。

ブランドの縫製工場に勤めていた1,134人が犠牲となった2013年バングラデシュのラナプラザ崩落事故のような悲劇は、ファッション産業をよりよい方向へ変えるはずでした。けれどもそんな期待は何度も裏切られることに。イギリスでは2015年に現代奴隷法が制定されたにもかかわらず、2020年、大手リテーラーに供給しているレスターシャーの工場は最低賃金を大幅に下まわり、新型コロナウイルスが蔓延しているというのに、ソーシャルディスタンス対策をいっさい取っていませんでした。それでも査察が入ることはほぼなく、この状態が続いたのです。

新型コロナウイルスは、非情で搾取的なファッション業界の暗部を世界的規模で剥きだしにしました。大手ブランドは400億米ドル分もの発注をキャンセル。その多くはすでに製造されて出荷済みでした。バングラデシュなどの工場は労働者への支払いができず大部分が閉鎖、路頭に迷う家族が続出しました。ナイキ、ザラ（Zara）、ギャップなどごく一部の大手ファッション企業が縫製工場へ推定150億米ドルを支払ったのは、ひとえに非営利団体リメイク（Remake）がSNSを活用して世界規模で展開した運動、#PayUpのおかげです。

とはいえ、ファッション業界は世界的にもっとも羽振りがよいのに、どうしてこのような事態になっているのでしょう？　業界が繁栄し、男性の億万長者たちは法人税債務を隠せるのはなぜ？　それに従業員や消費者であるわたしたちは、なぜその後押しを続けるのか？　ファッション業界は世界第4位の製造業です——その価値は3兆米ドル、労働人口は33億8,410万人[2]。低所得国で雇用の機会を創出できるため、“世界発展の原動力”としばしば言われます。ところが現実は、現代の奴隷制度、人身取引、労働者の搾取、性的いやがらせ、賃金未払いの温床。原因の一部は、欧米諸国が奴隷を自国の経済的原動力としていた植民地時代にまでさかのぼります。アフリカ、アジア、南アメリカの国々は彼らによって社会的・産業的発達という文化的概念を押しつけられ、伝統的な農法や生産方法は非効率的だと放棄させられました。貿易・税金・融資・法制度により、現地の人々は無理やり従属させられたのです。生みだされた富は欧米など宗主国行きとなり、国が独立したあとも、経済的困窮のために、富裕国の不公正な融資・貿易システムの前になすすべがありません。

欧米の帝国は、消費主義と経済成長には終わりがなく、利益が何より優先されるという、誤った危険な考えを流布。人々が苦しんでいようと、先進国を優位とするには仕方ないこと。グローバルノースで労働者の賃金と生活水準があがると、企業は利益最大化と公害輸出を求めて、衣類の生産拠点を別の場所へ移すように。バングラデシュ、ミャンマー、カンボジアなどの貧困国は経済刺激というニンジンを与えられましたが、富裕国の政府は業界への適切な規制も、賃金・権利・条件改善を求めて戦うべく労働組合への入会を希望する労働者の支援もしようとはしませんでした。ファストファッションの隆盛でこれらの状況は悪化。デザインから販売までの従来の工程は――しばしば数カ月から数週間にまで――短縮され、労働者は雇用の保障もないまま、低賃金に甘んじなければなりません。

ラナプラザ崩落事故後、工場の安全性・透明性・持続可能性には以前より焦点が当たるようになりました。ファッション企業はサプライチェーンのマッピングに取りかかっていますが、コンプライアンスと報告を義務化する必要があります。このセクターではコスト面の理由もあってオートメーションはまだ広く採用されていないものの、雇用喪失の恐れを、労働者の権利をこれ以上踏みにじる材料にさせてはなりません。

都市部の衣料品工場に低所得の労働者が集中する国々では、農村がないがしろにされて空洞化しました。家族は長期間ばらばらになり、保護も支援もないままの人も。わたしは、自分の権利を主張したり、労働組合員として活動したりしたために、繰り返し脅迫にさらされてきた人たちと会ってきました。肉体関係を拒絶すればクビにすると上司に脅された若い女性たち。村から連れてこられて奴隷同然の暮らしを強いられたたくさんの人々。思い返すと、いまも怒りで胸がいっぱいになります。

ブラック・ライブズ・マターと#Me Too運動は、白人男性ばかりの重役や上司が全権力を握るグローバルノースに根深い人種差別と性差別を浮き彫りにしました――対照的に、グローバルサウスでは労働者の大半は黒色・褐色人種の女性。

新型コロナウイルスにより、雇用情勢はさらに不安定になり、搾取がはびこる国々は往々にして気候変動のあおりをもっとも受ける国々でもあります。衣料品工場の労働者の50%が生活賃金はおろか、最低賃金すら稼ぐことのできないバングラデシュは、2021年の世界の温室効果ガス排出量に占める割合は0.27%に満たないというのに、気候変動でもっとも影響を受ける国のひとつ。国土の3分の2は海抜5メートル以下（約16フィート）未満。気候変動に起因するサイクロンや洪水がますます頻発しているため、多大な財政的損失（2019年には1度のサイクロンで81億米ドルの被害）をこうむり、大勢が避難する事態に。バングラデシュでは2050年までに7人にひとりが避難民になると予測されています。

気候変動により、工場であれ農場であれ作業場の気温が上昇して生活・労働状況はさらに厳しくなると見込まれています。住宅環境と衛生状態の悪い都市は病気が広まりやすい危険地域（ホットスポット）になる恐れがあるのです。衣料品工場への注文の大幅削減は貧しい労働者を難民化しかねません――彼らは国内だけでなく、国境を越えてさまようことになるでしょう。

それでもファッションは世界の最貧国にとって強力な力となりうるのです。とりわけクラフトは低炭素で、伝統的な技術と暮らしをはぐくむ重要な役割を持ち、女性に経済力を与え、コミュニティを再建し、都市部にかぎらず地方でも政治的な声を強めることができます。

サプライチェーンと購買慣習

人々に対しても、自然に対しても、気候に対しても優しいテキスタイルと衣料品ソリューションは、サプライヤーとの緊密なパートナーシップ、そしてクラフトによってもたらすことができます。ミッション実現に向けて取り組むサステナブルファッション・ブランド――本章で取りあげるブランドも含まれる――は道を切り拓き、それを実証してきました。けれどもこれらの努力は産業界全体と多くの分野にまでスケールアップされなくてはなりません。

その第1歩は、みんながお互いを知っている、透明性のある短いサプライチェーンへの投資です。短いサプライチェーンは長期的なパートナーシップと信頼構築を可能にします。賃金カットや厳しいリードタイムの要求、注文取り消しや脅しは、労働者の権利・賃金・労働環境・機会を損なうことになるという、自明の事実に気づきやすくなるはず。

リジェネラティブ・モデルにはシステム思考も必須。スローファッションをファストファッションと同じタイムスケジュールに押しこむのは――たとえば、農村部にある小規模テキスタイル事業に大工場と同じ納期を求めるのは――ばかげています。ハンドメイド製品には長いリードタイムを与えるよう、ブランドが早めに計画を立てればいいのです。世界フェアトレード連盟（WFTO)、コモン・オブジェクティブ（68-69ページ参照）と非営利団体ネスト（83ページ参照）は、クラフトを取り扱う社会的企業の立ちあげを支援。また、WFTOはよりよい購買慣習の明確な指針となる、“フェアトレードにおける10原則”を定めています。

2015年9月、国連の定めた、“17の持続可能な開発目標”に193カ国が合意――これは世界における社会的、経済的、環境的な改善を目指す意欲的な政策です（79ページ参照)。これらはわたしたちがプラネタリー・バウンダリー内で暮らす支えとなり、こんにち、そして未来において、あらゆる人の基本的ニーズが満たされることを優先するビジネスの指標となるでしょう。

1．貧困をなくそう
2．飢餓をゼロに
3．すべての人に健康と福祉を
4．質の高い教育をみんなに
5．ジェンダー平等を実現しよう
6．安全な水とトイレを世界中に
7．エネルギーをみんなに。そしてクリーンに
8．働きがいも経済成長も
9．産業と技術革新の基盤をつくろう
10. 人や国の不平等をなくそう
11. 住みつづけられるまちづくりを
12. 作る責任、使う責任
13. 気候変動に具体的な対策を
14. 海の豊かさを守ろう
15. 陸の豊かさも守ろう
16. 平和と公正をすべての人に
17. パートナーシップで目標を達成しよう

持続可能な開発目標

17のSDGsは持続可能な未来への設計図としてデザインされた、環境および社会的な重要課題への取り組み[3]。

バイヤー、サプライヤー、労働者間での戦略的関係構築を支援する組織は数々あります。フェアウェア財団は140以上のブランドが加盟、多くの生産国で活動しており、継続的な改善を促し業界のベンチマークに対して賃金を評価する方法など、エシカルな衣料品製造を実現するうえでもっとも手ごわい壁を克服するツールを作成しています。イギリスのエシカル・トレード・イニシアチブ（ETI）とともに、フェアウェア財団は“わたしたちの求める産業界（The Industry We Want）”と呼ばれる取り組みを発足、衣料品・フットウェア産業における生活賃金・ジェンダー平等・組合結成の自由などの課題の進捗をモニターしています。さまざまな団体をひとつにまとめ、よりよい購買慣習、エシカルなビジネスのあり方、より効率的な商業的ソリューションを拡大しています。

ベター・バイング・インスティテュート（Better Buying Institute）はファストファッションからラグジュアリー・ブランドまで、企業の購買行動に関する評価をサプライヤーから集積。多くのブランドは、再生可能エネルギーとよりよい労働環境に投資する製造業者との仕事を望むと口では言いながら、自分たちが製造業者への支払いをカットしつづけ、短いリードタイムを要求している事実は棚にあげているらしい。

法制度における新たな進展

とてもゆっくりとですが、法制度はサステナブルな産業のニーズに追いつきはじめています。2021年には欧州連合が人権デューデリジェンス法を制定、欧州市場でビジネスをおこなう企業——欧州外のサプライヤーを含む——は健全なガバナンスを促進し、サプライチェーンにおける人権および環境に対する被害を防ぐ措置を取るよう求めました。ヨーロッパおよびその他の地域で、下請け業者のやっていることを確認するには、サプライチェーンが短く、長くにわたってサプライヤーと信頼関係にあるほうがはるかに容易なのは歴然としているでしょう。

エコエイジ（Eco-Age）は、リヴィア・ファースとニコラ・ジウジョッリ姉弟が設立した持続可能なビジネス戦略のためのエージェンシー。人権問題を専門とする著名な弁護士ジェシカ・シモルと共同で、生活賃金の法制化提案をおこなっています。これがEU人権デューデリジェンス法に組みこまれるか、別個の法律となればいいのですが。国が最低賃金を抑えようとするのは、ブランドが労働力の安さを競い合うから。生活賃金の法制化はこれをやめさせるのが目的です。シモルはこう説明しています。「わたしたちがやらなければならないのは、これらの国々の政府が法制上の最低賃金を引きあげるようなインセンティブを作りだすこと。現在、他国の法律を作ることは、当然ながらどの国にもできません。ですが、EUは企業の他国でのふるまいに法律による影響を与えていると言えます。わたしたちが提案しているのは、国の最低賃金が委員会の定める賃金リスクポイント（生活賃金の推定値）を下まわる場合、グレーリスト入りさせること。企業がそのような国々での衣料品生産を選択するのであれば、人権デューデリジェンスの追加義務の対象とします」。

2022年1月、ファッションの持続可能性と社会的説明責任に関する法案——いわゆるファッション法——がシンクタンク、ニュー・スタンダード・インスティテュートによって提出され、ニューヨーク州で事業をおこなうファッションブランドへ人権デューデリジェンスの開示を求めました。非営利団体リメイクを含む労働組織と人権団体の連合が提案を承認するよう議員に呼びかけています。この法案が通れば、ブランドには国連の“ビジネスと人権に関する指導原則”および“OECD多国籍企業行動指針”・“責任ある企業行動のためのOECDデュー・ディリジェンス・ガイダンス”に規定されている、人々、地球に与える悪影響の積極的な特定、回避、軽減、説明が義務化されます。

手工芸(クラフト)の価値

フェアトレード運動は、美しい衣服やアクセサリーを手作りで生産することで、地域経済、コミュニティ、土地の文化を再生できることを証明しました。1991年、わたしが設立したピープルツリーはこの運動の最前線にいました[4]。グローバルサウスとノースにブランドを抱え、いまでは手織り、手刺繍、手編み、ハンドプリンティング、手染めの技術を活用して、農村部の人々——中でも女性——のために尊厳ある暮らしを作りだしています。

現行の金融・生産システムは、優れた職人の技術や知識、知性に価値を見いだすものではありません。バングラデシュの生産者団体、タナパラ・スワローズのライハン・アリと彼が率いるチームにヴィンテージコットンの材料見本とわたしの求める色を示したカラーペーパーを見せたときのことは忘れられません。2日後に戻ると、エコフレンドリーな技法で染色された繊維が3メートル（10フィート）の円筒状に巻きあげられていて、縒り合わせた糸は彼らのはた織り機でわたしの指示どおりの布となりました。CADもマシンもなく、あるのは手動の技術と、バングラデシュ北西のこの美しい村に暮らす人たちのすばらしいクリエイティビティだけ。クラフト生産者と直接取引し、手織り布を作り、衣服に手刺繍をほどこすことで、労働コストは服の価格の30%を占めます（工場なら服の価格のわずか3〜5%）。けれどハンドクラフト製品の生産を選ぶことで、雇用の機会は10倍にアップ、しかも環境への負荷を削減できます。クラフトは環境負荷の少ないテキスタイル経済活動において、新たな仕事の創出に大いに役立ちます。

インド、グジャラート州のハンドメイドブランド、モラルファイバー（MoralFibre）は、昔からの技術で天然素材から作った手紡ぎ、手織り布の宣伝・販売をおこなっています。農村の職人グループ——主に女性たち——とともに働くことで、サステナブルな生産を通して汚染の削減と天然資源の保護をし、人々を貧困から解放するのがモラルファイバーの目標。そこで使われている技術と、彼らを生みだしたコミュニティは、バイヤーに付加価値と利益の両方を与えています。創設者兼CEOのシャイリーニ・シース・アミンが説明するように、「職人を尊重し、彼らの価値を認めてその優れた仕事に報いるようにしています。彼らはほかの労働者とは別格ですから」。

2002年、バングラデシュのダッカにモンジュ・ハクが設立したフェアトレード団体、アーティザン・ハットでは、ナルシンディ地区の村に暮らす120人を超えるチームが働いています。高品質の手織り布、イカット織りや手刺繍にはオーガニックコットンが使われ、生活賃金が支払われます。正式な訓練を受けたデザイナーはいません。デザインは人生経験豊かな作り手たちとともに解決策を見つけだすだけ。「手織りにすることで機械織りの3倍人手がかかります——つまり3倍の雇用創出です！」とハクは語ります。

ハリスツイードは世界で唯一、国会の制定法で保護されている生地。すべての作業がスコットランドのルイス島とハリス島でおこなわれたという保証つきです。職人は足踏み織り機を使って自宅でツイードを生産、仕事を求めて本土へ渡る若者が多い島々で、脆弱な農村経済にとってなくてはならない仕事を生みだしています。それ以上に、ハリスツイードの伝統は重要な文化的アイデンティティと誇りです。アンナ・マクラウドが手織り職人になったのは10年以上前。子育てと両立できる仕事を探していました。彼女は自分の仕事を心から誇りに思っています。「ファッションショーや美しい家具にハリスツイードが使われているのを見ると、あっと思います——わたしが織ったものかしらって！」

ハンドメイド製品の人気が再燃しているのは誰もが認めるところ。イギリスのブランドTOAST（トースト）はコレクションの10%をクラフト技術を用いる小規模メーカーに委託。クロエ（106-9ページ参照）は世界フェアトレード連盟と提携し、デザインレーベル、Mifuko（ミフコ）とのコラボレーションでケニアの職人が手織りしたハンドバッグ・シリーズを発表しています。

クロエはMADE51とも提携——MADE51はUNHCR（国連難民高等弁務官事務所）による取り組みで、高い技術を持つ難民と地域の社会的企業を結びつけ、フェアトレードにおける10原則にもとづいた労働条件を確保しています。生産されたものは、地域では企業を通して、国際的にはカタログや見本市、ブランドやリテーラーとのパートナーシップにより宣伝されます。WFTOフェアトレード・エキスパート、クリスティン・ゲントはこう説明。「難民は避難するためにわが家や家財を捨てていますが、知識、技術、伝統、職人の技は身につけたままです。トゥアレグ族の革細工からシリア人の繊細な刺繍まで、MADE51は難民の職人たちに収入を得て暮らしを立て直し、ふたたび自立するすべを提供しています」。そして難民に雇用と受け入れ先を見つける手段を提供することで、彼らの窮状への世界的な認識を高めてもいます。

ネスト（参照：https://www.buildanest.org/about/）もクラフトによる経済活動の支援を目指す団体のひとつ。アメリカで同団体を創設したレベッカ・ヴァン・バーゲンは、ジェンダーと収入の格差を是正するチャンスをクラフトに見いだしました。ネストはいまでは1,500を超える世界各地の職人（アーティザン）ビジネスと提携、教育プログラムとメンターシップを提供し、パートナーシップを結んでいるブランドとのマッチングをおこなっています。

伝統的なクラフト技術の復活は、工場労働に取って代わる真の代替策。農村の経済活動を立て直してくれるので、人々は地元で働けるようになり、家族やコミュニティと離れて都市へ働きに出る必要がなくなります。クラフト製品を作るコミュニティとのコラボレーションは、低炭素で社会的影響力の高い、すばらしい商品を生みだすことができます。

インドのサステナブルな衣類・ホームファニシング製造業者、ファイヴ・P（112-15ページ参照）の取締役、マーノ・ランジャンは、すべてのブランドがその製品のわずか0.1％を手織り布に換えれば、数百万規模の雇用が生まれ、貧困がなくなると指摘――“ブランド、織り職人、消費者そして地球のためになる”シンプルな転換です。

伝統的な技術を用いて手作業で装飾された手織り布なら、長い歳月にわたって大切にされる衣服を作りだすことだって可能――ひとつの世代から次の世代へと手渡され、誇りを持って着用されるかもしれません。手作りであるため、作りだされた布にはしばしばばらつきがあり、機械製の合成繊維を見慣れた消費者の多くが、そんなバリエーションを持ち味ではなく不良品と見なしてしまうのは残念なことです。産業化、合成繊維そして大量消費は均一性こそ至上であるという考えを生みだしました。優れたデザインと、どんな作り手がどうやって作ったかを伝えることで、そんな考えを書き換えることは可能です。テキスタイルクラフトと伝統技術、天然繊維の快適さ、本物のサステナビリティ。それらを軸とした新たな美の基準を作り、垂涎の的にするのです。

古い技術、新たな研修

“公正な移行”によって、手作りのテキスタイル製品が持つ可能性を資本化するには、それを支援するのに必要な技術をこんにちの労働者へ提供することがとても重要になります――もともとは労働者たちの祖先のものだったのに、大量生産による利益の上に築かれた産業では失われてしまった技術を。

数世代前までは、仕立職人ひとりでまるごと一着仕立てるだけの技術がありました。こんにちの工場では、ひとりが服のほんの一部分を縫うだけ――そしてその作業を延々と繰り返すのです。働き手を尊重するシステムとは、ひとりでまるごと一着仕立てるような働き方へ回帰すること。仕事への満足感、そして自分の力で暮らし、望むなら独立して店を開けるだけの技術を与えるもののこと。

土地管理にも同じことが言えます。人々と地球が共存可能な昔からのやり方へ立ち戻ることでしか、本当にリジェネラティブになることはできません。本書では小規模農業が持つ可能性がたくさんの例によって示されています。たとえばファッションブランド、キロメット109（Kilomet 109）は、ベトナムの少数民族が伝統的な農法で栽培した食物繊維を使い、染色、縫製、装飾をするのは地域の職人。何百年も伝わるテキスタイル製品の伝統を保護しています（100-103ページ参照）。

ファッション産業が低炭素へ移行することで、ほかにもさまざまな仕事が生まれるでしょう――特に循環型経済とリサイクル関連で。けれども、国際労働組合総連合のイニシアチブ、ジャスト・トランジション・センター（Just Transition Centre）のディレクター、サマンサ・スミスはこれらの仕事の大多数はグローバルノースで生まれるだろうと警告しています。「仕事が存在しなければ、人々がどれほど技術を再習得しても、仕事を得ることはできません」。つまりバングラデシュなどの国々では、循環型経済への移行で利益を得られるよう、リサイクル施設への大規模投資が必要だということ。ETIのトランジション・シニアアドバイザー、ベヴァリー・ホールも、作業用機械を扱う仕事から知的労働をともなう仕事へのスキルアップを求める人たち（"主に工場で働く女性たち"）はもっといるはずだとしています。「投資しているブランドもありますが、現時点ではごく少数にとどまっています」。

安全性、透明性、持続可能性そして社会的な影響への関心が高まり、多くのブランドが正しいことをなそうとし、機会均等を法制化してサプライチェーンにおける現代の奴隷制度に終止符を打つよう求めているのは朗報です。移民労働者が奴隷同然に酷使されるのをやめさせる試験的イニシアチブはその一例。2019年にサービスを開始した無料の携帯アプリ、ジャスト・グッド・ワーク（Just Good Work）kは、求職者や労働者にとって大切な情報やアドバイスをそれぞれの言語で提供。共同創設者のクィンティン・レイクがこの事業を始めるきっかけとなったのは、カタールで出会ったケニア人移民労働者でした。そのケニア人は、何度もカモにされ、法外な出稼ぎ費用を取られていたのです。ジャスト・グッド・ワークは移民労働者の採用水準を世界各地で引きあげることを目指し、ASOS（エイソス）やザ・ベリー・グループ（The Very Group）などのファッションリテーラーと提携しています。

ファッションは人間特有の概念で、それゆえに平等、サステナブルな暮らし、気候崩壊を食い止めるための団結に意識を促す上で強力な役割を持つのです。リジェネラティブ・ファッションとは、原材料生産者と製造業者との緊密なパートナーシップ、技術・暮らし・コミュニティの再生を通してわたしたちを結びつけ、それと同時に気候変動からの復元力（レジリエンス）を構築し、取引システムの脱植民地化を推進するもの。本章で取りあげるアプローチは、ファッション製品とシステムがどれだけ刺激的で多様になりうるかの一例です。

注釈

1：ジェイソン・ヒッケル、"Quantifying National Responsibility for Climate Breakdown"『The Lancet Planetary Health』、2020年9月。

2：FashionUnited調べによる（fashionunited.com）。

3：www.un.org/sustainabledevelopmentを参照（本書の内容は国連の承認を受けておらず、国連、国連当局者、国連加盟国の見解を反映するものではありません）。

4：ピープルツリーとタクーン・パニクガル、ボラ・アクス、ファンデーションアディクト(Foundation Addict)、リチャード・ニコルなどのデザイナーとのコラボは2007年日本版『ヴォーグ』誌に取りあげられ、エコや持続可能なライフスタイルを取り扱うブティックが世界中で注目されるようになる。

ベサニー・ウィリアムズ
Bethany Williams

インタビュー：ベサニー・ウィリアムズ（創設者兼デザイナー）
場所：イギリス

ベサニー・ウィリアムズが自分の名を冠したファッションブランドを2017年に立ちあげたのは、社会問題と環境問題は密接につながり、そのどちらの分野にもポジティブな変化を生みだす力がファッションにはあると信じるから。地域のコミュニティや慈善団体と協力し、再生（リジェネレーション）を多様なレベルで支援するサステナブルな服を作りだしている。

何からブランドのインスピレーションを？

それまでさまざまな場所で働き、自分にぴったりの職場を見つけられずにいました。昔から物作りが好きで、母に似て、根っからの世話好きです。わたしは母ときょうだい、祖父母とマン島で育ちました。母はリヴァプールでパタンナーをしていたことがあり、マン島に移ってからはカーテンなどの布製品を仕立てる仕事をし、貧困家庭の子供を支援するチルドレンズ・センターでも働いていました。ですから、わたしも子供のころから物作りに親しみ、人の世話をすることが身についています。修士号取得後は、クリエイティビティと物作りを合体させ、人の世話をすることと結びつけられる、自分なりの居場所作りに挑戦することに。

サステナビリティに対するあなたのアプローチとは？

わたしたちが取り扱うのはリサイクル品、デッドストック品、バイオ系素材、認証された有機素材のみ。また、処理前の廃棄物を調べて、利用・開発できるものは新たな素材として活用、これにより各コレクションのデザインに新たな厚みを添えています。社会的企業である地域の製造パートナーのひとつは、わたしたちのデザインスタジオと同じビルに入っており、輸送が劇的に削減されました。わたしたちは卸売ベースのまだ比較的小さな会社ですが、オンラインでの服の販売をスタートするところ。消費者とダイレクトにつながる新たなシステムができあがったら、修繕サービスをぜひとも提供したいです。

あなたにとってリジェネラティブ・ファッションとは？

人々と地球のバランスです——つまりは服と素材を生みだす人々への配慮。コレクションのたび、慈善団体と新たなやり方で手を組んでそこにあるストーリーを語り、収益の一部を団体へ寄付しています。また、提携している製造パートナーへ活用できる廃棄物を提供。わたしたちの製品はすべて社会的企業によって作られています。社会的企業である製造パートナーとともに服を生産し、各コレクションのサプライチェーンがそのままメーカーのネットワークとなるようにしています。組織として成長し、デザインの新たな道を探索しながら、別の社会事業やほかの専門分野を受け持つNGOを調査。ロンドン・カレッジ・オブ・ファッションがサリー州にある女性刑務所、ダウンビューに創設したメイキング・フォー・チェンジ(Making for Change)はそのひとつ——女性受刑者が技術を身につけ、再犯の連鎖を断ち切れるよう支援する職業訓練事業です。イーストロンドン、ポプラに設立した第2施設では、出所後の職業訓練と有給の雇用を提供。イタリアでもふたつの社会的企業——サン・パトリニャーノとリメイクとクラフトを専門とするマヌサ——と提携しています。イタリアのサンパは手織りとかぎ針編みの製品を生産。ニットウェア・デザイナーのアリス・エヴァンス、ハックニーを拠点として倒木からボタンを作る、ロンドン・グリーンウッドなど、地元の職人たちとも仕事をしています。

サン・パトリニャーノでクラフトは社会福祉とどのような関わりを？

サン・パトリニャーノは1978年設立の薬物更生施設で、1,200人が暮らしています。住む場所、家族、職業訓練と大卒レベルの教育を通して新たな技術を学ぶ機会を、すべて無償で提供。職業訓練の多くは研修会形式で、サン・パトリニャーノ・デザインラボでは木工、鍛冶、革細工、壁紙生産、織物の技術を学べます。

サン・パトリニャーノは手作業を重んじ、クラフトマンシップ、トレーサビリティ、“メイド・イン・イタリー”の優れた品質を形にします。プログラムの参加者は尊厳を取り戻し、美しさという価値を作りだすことで、品質の追求を自身のゴールとする者も。細部へのこだわりと完璧さへの情熱はこの事業の根幹です。クリエイティビティ溢れる職業訓練を通して、参加者は情熱と技術を身につけ、雇用を得て出所。ここで作られたものは販売され、サン・パトリニャーノはその売上げで運営されています。入所者の家族や国からの資金は受け取っていないのです。

提携する慈善事業の選定方法は？　それがどのように各コレクションを形作ることに？

地域の問題へ目を向け、そこを出発点として、コミュニティ内で問題解決に取り組んでいるさまざまな慈善事業や団体を徹底的に探します。とある慈善事業と提携したときは、コレクション製作のかたわら、わたしがボランティアとして働き、彼らの活動を間近で理解してサポートを提供、コミュニティになじむようにしました。わたしたちが支援している大切な事業のひとつがマグパイ・プロジェクト(Magpie Project)。定住先がない、仮住まいや住む場所のない、困窮している女性とその子供の支援事業で、わたしたちは利益の20%を寄付しています。選んだ慈善事業を自分たちのネットワークへ追加、問題に焦点を当てることで、新たな要素を服へ取り入れています。

もっとも誇りにしている製品は？

いままでのところ“本のゴミのバッグ”(Book Waste bag)がいちばんのお気に入りです。2018年、サフォーク州にある印刷製本業者、クレイス(Clays)を訪問して工場を見学。生産ラインの規模に驚きました。イギリスで最大級の印刷製本工場で、年間約1億5,000万冊を生産しています。

そこで生産ラインから廃棄される本を使わせてもらえることに——生産過程で傷や汚れがついたもの、テスト印刷品、ミスプリントなど、使用できないものです。

次はサン・パトリニャーノの織物部門とともに

新たなテキスタイル作りでした。本のカバーを裁断、イタリアの紡績工場からもらったデッドストックの糸と一緒に手織りします。できあがった布はトスカーナ州でワックス加工され、これで衣類やアクセサリーに使えるように。処分される書籍を編んだ布とヴィーガンレザーで、ハードカバーの書籍と小学校のブックバッグの形からヒントを得て、ロンドンを拠点とするバッグメーカー、ステヴァン・サヴィルにバッグを作ってもらいました。

2030年もしくは2040年までの温室効果ガスの排出量を正味ゼロを目指すには？

わたしたちはまだとても小さな会社で、サプライチェーンで使用される工程の多くは手作業です。手織り機に手編み、手裁ち。木製ボタンは手動や足踏みの機械を部分的に使っているので、消費するエネルギーの削減にはすでに取り組んでいると言えるでしょう。会社が成長すればエネルギー消費を考慮に入れ、同じ考えを持つサプライヤーや製造パートナーと手を組むつもりです。

ローカライゼーションを推進する、革新的かつ先駆的ブランドが重要な理由とは？

ローカライゼーションの推進は、地域のコミュニティとその地域の手工芸を支援するうえでとても重要です。ブランドが規模を縮小し、地域に根ざした小規模ビジネスモデルを採れば、さまざまな形で助けとなるでしょう。基本的なレベルでは、生産を顧客基盤の近くへ持ってくることで輸送を削減。また、ローカライゼーションは地域のコミュニティを支え、雇用と産業を創出します。地域特有の手工芸と職人の技術も保存されて培われ、より長い寿命を与えられて何世代にも伝わるだけでなく、デザインに幅と個性が生まれます。

あなたが考える“公正な移行”とは？

ここでもローカライゼーションです。世界を股にかける――自身のサプライチェーンへの理解に欠け、無個性の製品ばかりの――多国籍企業がなくなり、代わりに、地域に根ざすクラフト事業や小規模企業が増えれば、服との結びつきも増えるでしょう。品物を売る相手と結びつきがあれば、払ったお金がどこへ行くかがわかります。これはクラフト製品の美しさを守ることにもつながります――人々や地球を傷つけない、美しい製品と恋に落ちること。ですが、わたしにはそれを計画へ移す手段がわからないのです。

86-91ページ：慈善事業や社会的取り組みと協力し、サステナブルな方法で調達された素材に革新的技術を融合。ブランド、ベサニー・ウィリアムズはファッションの力で人と地球を幸せにしようとしている。

ネセ・ジェン
Nece Gene

インタビュー：ネハ・セリー（創設者）
場所：インド

ファッションとアクセサリーのブランド、ネセ・ジェンはデニムの廃材から高品質のサステナブルな製品を生みだす。素材と生産工程はすべて環境への負荷が最小限になるようにデザインされている。

何からブランドのインスピレーションを？

デニムのデザイン・調査研究所ブルーヘミア（Bluehemia）を立ちあげ、デニム産業のデザイン・戦略コンサルタントとして長年働き、世界のデニム紡績工場数箇所およびアーティスティックな小規模ブランドと関わってきました。その経験から、美しいデニムには汚い側面があるのを知ることに。多くの場合、デニムの製造は汚染作業であり、そこで使用する有害な染料と化学薬品の大部分はわたしたちが使う水にまで残留しています。また、デニム産業はコットン栽培からウォッシュ加工ジーンズまで、莫大な量の水を使用。加えて、製品ひとつにつき、デニムの12%は裁断時にゴミとなります。裁断ゴミ、縫製ゴミ、ウォッシュ加工試験品、見本の多くはゴミ処理場行きです。

美しさとサステナビリティを一体化させる方法があるはずだと、インドの大手デニム生産企業、アーヴィンド・ミルズ（Arvind Mills）と共同で100%サステナブルなブランドの立ちあげを決心。ブランド名にある“nece”は“necessary（必要性）”という言葉に由来し、わたしたちの日々の選択を意識することを大事にします。たまたまですが、わたしのイニシャルでもあります！

アーヴィンド・ミルズ社を選んだ理由は？

コンサルティング業をしていたときに、互いに成長できる信頼関係を築きました。わたしたちの力を合わせて本当に価値あるものを作るのは自然なことでした。アーヴィンド・ミルズは天然藍や水を使わないウォッシュ加工など、サステナブル・デニム作りでは先駆者的存在。糸の染色から製品の完成まで、工場でデニム作りに使用されるのはすべて再利用水です。処理をした廃水が全工程で使われ、作業終了時にはふたたびきれいな水に戻すのです！　このコラボレーションに刺激を受け、アーヴィンド・ミルズはゴミ対策にも乗りだしました。自分たちの工場から出るゴミがすばらしい製品となり、しかもその工程自体がエコロジカルなメッセージとなるのですから、彼らが行動を起こすきっかけになると確信していました。

製造工程と製品を説明してください。

端切れを使ってオートクチュールの服や斬新なアクセサリーを生産しています。どれもスタートは工場から出る廃棄物の山。これを色、重さ、含有物ごとに分別し、そこからが本当のデザインとなります。

小さな端切れがオートクチュールの服に変身。アパレルに直接使用できないゴミもあるので、インディゴ製品の新部門も立ちあげました。ここでは端切れを織り直して新しい布にします。細いデニムの端切れをはた織り機で織るのですが、古新聞や包み紙、違う色の端切れを織りまぜることで、そこへさらなる個性を付与。わたしたちがDenim on Loom（織り機のデニム）と呼ぶこの技術を用いて、クラッチバッグ、クッション、壁掛けなどが作られます。

ゴミの一部はまとめてブロックのように硬化し、DeBrickという製品にしています。最小限のバイオエポキシ樹脂を使い、デニムの廃材を圧縮。

DeBrick製のスツールや美しいペンダントを発表し、100％天然の結合材を使ったDeBrickを生産しようと実験を重ねているところです。装飾や実用など用途が広がれば利用できる廃棄物の量が大幅にアップします。

最終的に残るのは繊維パルプとごく小さな端切れ。これらはここから100％インディゴの非木材紙になり、4色の耳つきインディゴ・ブックやペーパーとして生まれ変わります。

このように、わたしたちは糸や繊維を最後の最後まで活用して、美しくサステナブルな製品を作り、資源を循環させるためにやれるだけのことをしています。昨年は約400キロ（882ポンド）の端切れがゴミ処理場行きになるのを防ぐことができました。中古デニムや不用デニムをたくさん使用できるよう、もっと多くの分野を調査していく予定です。

注文に応じてのみ製造し、在庫はいっさい置きません。コレクションは年に2度開催され、アパレル、ホーム、アクセサリー関連の、環境を意識した作品を発表しています。

2030年もしくは2040年までのネットゼロを目指すには？

人口増加へ向け、ゴミ処理場行きとなる廃棄物の活用は温室効果ガス排出量（カーボンネット）ゼロを達成するためにすでに始まっている取り組みです。ゆくゆくはもっと多くの工場と提携して廃棄物を利用することになるでしょう。ほかにも、大手デニムブランドに新たなデザインの切り口を提示し、彼らが抱えている余剰在庫を使ったコレクションを制作できないかと考えています。

製品が暮らしに与える影響とは？

DeBrickは多くの廃棄物が利用される建造業でこそ役に立ちます。建築用ブロックや断熱パネルなど、さまざまな資材作りを念頭に、現在大規模な研究をおこなっており、実現すれば多くの雇用を生みだす可能性があります。より一般向けには、廃棄物からハイファッションを作りだすことで、持続不可能なオートクチュールより、この種の製品への需要が高まるよう期待しています。

もっとも誇りにしている製品は？

デニム作りに長年携わってきましたが、細部に徹底的なこだわりのある製品には滅多にお目にかかれません。デニムのオートクチュールを見かけることがほとんどないのは、わたしたちがデニムジャケットやジーンズを見くだしているからでしょう。わたしたちのWetland Dress（96ページ参照）は完全にサステナブルな奇跡のドレス——1,000種類の異なる端切れをカットしてはぎ合わせ

てあります。これこそわたしが誇りに思う作品です。

ファッション産業が与える影響として、いちばんの脅威となる数字は？

こんにち、ファッションは世界第3位の環境汚染産業です――わかってはいたことですが、これは誰にとっても衝撃的です。その上の燃料、食品業界の数字よりさらに恐ろしいのは、2100年代までに、いまからたった80年後に、第6の大絶滅が起こる恐れがあり、地球に修復不能な被害がおよぶという、持続可能な経済政策を支持するシンクタンクEarth.orgの予測です。これが警鐘となっていますぐ目を覚まさないのなら、ほかにどんな手があるというのでしょう。

“公正な移行”や脱成長を模索する中、ローカライゼーションを推進する、革新的・先駆的ブランドが必要とされる理由は？

ファッション業界には変化が必要であり、それを疑問視する声はようやくおさまりつつあります。サステナブルな未来へ向け、（製造業者から消費者まで）全員が努力しなければならないのは紛れもない事実です。大手ブランドと革新的な小規模ブランドの両方が責任を持ち、必要な移行をスムーズに進めるときが来ています。わたしたちのようなブランドにはみんなに正しいメッセージを伝える重要な役割があるのです。小規模だからこそ、どんなプロセスも簡単に適用可能で、完全な包括性（インクルーシビティ）を保てる利点があります。

デニムはいまや世界中のワードローブの定番。リジェネラティブな産業の展望とは？

リジェネラティブ・ファッションとは、計画的に素材を何度も繰り返して活用し、循環のループを完全に閉じ、無駄なものをいっさい出さないファッションのこと。地球に負担をかける布や服の在庫が大量にあるなら、新作コレクションの制作にはそれらを使いきり、新品の素材を作りだすのはやめるのが賢明というもの。ネセ・ジェンはまさにそのために誕生しました。わたしたちが従うのは、ファッション産業の“作る――着る――捨てる”主義ではなく、“革新――着る――リサイクル”パターン。

ですから、デニム産業へのわたしの展望は、人々が人々と地球を大切にする全体的（ホリスティック）な産業となること。自身のためだけにサステナブルになる、マーケティングのためだけに正しいことをする――そんな考えから脱却すれば、意図が純粋になり、ゴールが明確になります。そのゴールとは、悪名高いデニム製造の工程を全段階でクリーンなものにし、すべてのサプライチェーンを透明化、関わる人々全員を――メーカーから消費者まで――ハッピーにすることです！

92-97ページ：ネセ・ジェンはデニムの端切れを使って高級服を作りだす。その印象的なデザインは湿地や入り江で見られるフォルムにインスパイアされたもの。Indigoラインのバッグには端切れを織って新しい布にするDenim on Loom技術が用いられている。

オルソラ・デ・カストロ Orsola de Castro

オルソラ・デ・カストロは、サプライチェーンにいっそうの透明性を求めてファッション産業の改革を目指す非営利団体、ファッションレボリューションの共同発起人。2013年バングラデシュ、ラナプラザで崩落事故が起きた日をファッションレボリューション・デーと定め、毎年イベントを開催している。

「リジェネラティブ・ファッションの一例として、農場からクローゼットまでという、非営利団体ファイバーシェッドの全活動を支持しています。過去へと立ち返ってそれを未来と呼ぶ。わたしが見てきた中でもっとも親しみやすい明快な活動です。けれどわたしにとって再生型(リジェネラティブ)とは、いらなくなった服を再生させること、サプライチェーンで働く者すべてがまともな報酬をもらえるよう賃金を再生すること、愚かな現状ではなく知性あるファッション産業へと引き返すべく目的を再生することも意味します。ついでに、ファッションを身につけるわたしたちを再生することも。だって、わたしたちはこれまでゴミクズを身につけていたのですから――それも毒性があるかもしれないゴミを。

わたしたちは90のオフィスから成る国際的なネットワークを持ち、各チームはそれぞれの観点、国、ニーズからとても力強い発言をおこなっています。これほどアイデンティティ豊かな人々が先頭に立って活動している世界的な運動は少ないでしょう。これがファッションの本来の姿であり、革命そのものです。事実、欧米出身のわたしたちの観点は欧米のものであり、中央集権化によりほかの存在をことごとく否定してきました。

わたしたちはラナプラザの事故を契機に活動を始め、透明性と情報公開に焦点を当ててきました。環境的な視点から見たゴミが、わたしのファッションの出発点。2017年には初めて人々と気候、人々と自然をテーマとしました。環境を修復・保護し、利益や成長より人々を大切にする。ファッション産業はそうなれると信じています。

大量消費を取りあげるよりも、大量生産をやめるべきです。問題は生産にあるのですから。わたしたちが何より提唱するのはこの点です――これはサプライチェーンに携わる人々の労働に尊厳を与える唯一の方法です。生産を停止すれば、ただちに雇用が失われると考える人は多い。けれど実際には、数を減らせば品質があがり、技術は向上します。最小限の訓練で時間に追われるように働かされれば、生産される衣服約1,500億着のうち、欠陥品となって廃棄されるのは相当な数にのぼるはず。

ファッション産業は人々と地球を搾取すべくしてそうなったと、わたしは固く信じています。ファッション産業の工業化は、奴隷にされたアフリカの人々が生産するコットンに端を発し、東インド会社がそれを世界各地に卸したことで完成しました。1950年代、ファッションはイタリアへ。おそらくアジア諸国と比べても人件費が格安だったのでしょう。ところがイタリアはその技術を武器に“メイド・イン・イタリー”というひとつの文化を生みだすことに。イタリアが手にした尊厳と人権を、わたしたちはなぜほかの生産国へは輸出しなかったのでしょう？

ファッションレボリューションが毎年ファッションブランド250社を対象に調査しているファッション・トランスペアレンシー・インデックス（Fashion Transparency Index）は、情報開示の程度をはかる主要な指標で、透明性のランク付けをしていますが、「上位のサステナブル・ブランドです」と、宣伝に使われることも。これは本来の目的ではありません。もっとも、以前は透明性など存在しませんでした。情報を開示するブランドはほんのひと握り。それがいまやブランドも逃げ隠れするのをやめました。調査してほしいと向こうからやってきて、よりよい評価を得るためにわたしたちの指示をあおぎ、興味深いことに、ブランド同士で競い合っています。

ビジネスモデルを変えるには、生産のスローダウンが先決。1980年代まで、ブランドは独立した存在でした。いまではどのブランドも巨大グループ企業の一部。だから北京であれミラノであれ、都市のハイストリートはどこも同じ――こんな状況は変わらなくては。実際、これでは選択の自由とは正反対の“押しつけ”です。大手ブランドが結託し、小さなブランドを潰してしまうなんておかしい。写真撮影に巨額の費用をかけるのは、ほんとに生き残りのためになるでしょうか？そのお金を労働者に与えるか、お金のかからない写真撮影にすればいいのに。いまのファッション産業のあり方は、巨万の富を稼ぐブランドにのみ向いています。

未来のファッションチームの姿は、いまとはまったく異なるでしょう。そこにいるのはデザイナー、商品担当者（マーチャンダイザー）、海洋生物学者、化学者。素材が与える負荷についての知識は必須となります。この5年で学生たちもがらりと変わりました――彼らが求めるのはプラダとの仕事ではなく、街の職人（アーティザン）としてのスモールビジネスです」。

キロメット109

Kilomet 109

インタビュー：ヴー・タオ（デザイナー兼創設者）
場所：ベトナム

2012年創設のキロメット109はベトナムの伝統的技術を現代的デザインと融合させた少量生産ブランド。創設者ヴー・タオはスローファッション・ムーブメントの先駆者で、彼女が作りだすテキスタイルはさまざまな職人コミュニティとのコラボレーション。それぞれの民族に伝わる伝統的な技術をテキスタイルで表現する。

何からブランドのインスピレーションを？

1980年代と1990年代のベトナムは非常に貧しく、わたしの両親も例外ではありませんでした。手もとにはわずかなものしかなく、それをいかに活用するかをよく考え、ほとんどのものは手作りしていました。わたしは16歳のときには家族と近所の人たちのために服を作っていました。わたしたちのコミュニティは農家、製造業者、それにあらゆる種類の工芸職人で溢れていました。

2010年に話を進めると、わたしはハノイにあるロンドン・カレッジ・オブ・デザイン・アンド・ファッションを卒業後、テキスタイル見本市でヌン・アン族の織物と染色職人のグループに出会い、彼らの村へ招かれました。藍の栽培からコットンの織り方、天然染料の準備の仕方まで、彼らから教わりながら、以降の数週間を過ごすことに。この経験により、ベトナムにはさまざまな伝統的テキスタイルがあるのだと深く理解するようになったのです。わたしはヌン・アン族ではありませんが、すぐに親しみを覚えました。わたしが育った作り手たちのコミュニティととてもよく似ていたのです。彼らの協力を得て、この10年で自分自身の織り方と染色法を確立し、いまでは活動の輪を広げて、ほかにも4つのグループを含めるまでに——ブラック・ハーモン族、ブルー・ハーモン族、クメール族そしてタイの少数民族です。

あなたにとってリジェネラティブ・ファッションとは？

農業、労働、文化ととりわけ関わりがあるので、いくつかの意味があるでしょう。わたしたちはテキスタイル職人や農家のコミュニティと協力して完全なクローズドループ生産サークルを作り、生産工程のあらゆる要素を——種からのテキスタイル繊維栽培、布織りから、伝統的な手法の天然染め、デザイン、服を手縫いするところまで——含めるよう努めています。そうすることで直接関わりを持ち、製品のすべての側面が完全に可視化。提携しているコミュニティは農業、土地の管理、地域の植物の多様性について深い知識を持ち、わたしたちは彼らの指導に従って、古くから土地に伝わるやり方をもとに、健康的な生産チェーンを作っています。

リジェネラティブ・ファッションには、健康的なコミュニティ作りという意味もあるでしょう。わたしたちはテキスタイルに公正な市場価格を支払うのとは別に、工具、農具、種子、繊維および染料作物の植えつけ／管理／収穫にかかる費用をすべて負担しています。

その過程においてサステナビリティに焦点を当てつづけるには？

わたしたちの製品はどこを取っても地域レベル。素材はすべて各コミュニティが暮らす地域のもの。テキスタイル作りはどの工程も手だけでおこなわれ、炭素集約型エネルギーも農薬も化学薬品も、いっさい必要ありません。コミュニティの伝統を活用することで、地域に根ざしたアプローチをフ

ァッション製造に取り入れることができました。

使用する水は主に地域の小川、洞窟、河川のもの。染色工程では化学薬品をいっさい使わず、地域の植物――樹皮、葉、川の泥、根、木の実――から取った天然媒染剤を使用。わたしたちが生みだす色彩には工業規模では作りえない深みと美しさがあります。そして染色で出たゴミは堆肥となり、将来の作付けシーズンに活躍します。

デザインと生産は、少人数のチームがハノイにあるホームスタジオで受け持っています。ハノイに旗艦店が1店舗。オンラインでも販売し、ヨーロッパ、アメリカ、アジアの国際的なブティックを通しても売っています。リセールやリサイクルはまだ正式におこなっていませんが、ゴミをなくすという目標を掲げ、長く使える高品質の服を作っています。

年代物の布をわたしたちのデザインでアップサイクルすることも。それに少量生産のブランドなので、不必要な在庫を出したり抱えたりすることがありません。製造後に残った端切れはベトナムの学生、工芸職人、デザイナーのネットワークにすべて寄付。だから、布がゴミとなることはないのです。

ファッション産業であなたがいちばん衝撃を受ける数字とは？

過去20年で、毎年開かれるショーが2シーズンから最大50回にまで増えたのは、この産業が無駄だらけなのを如実に示しています。これは過剰生産、化学染料の垂れ流しによる環境悪化、生産廃棄物、使い捨てファッションが招く過剰消費の元凶です。

もっとも誇りにしているテキスタイル製品は？

年2回のコレクションでは、毎回新しい職人コミュニティを紹介、そして／または異なるテキスタイル技術を扱うよう目指しています。本当の意味でコラボレーションするクリエイティブな仕事は、関わっている全員にとって楽しいものです。染色技術を改良して伝統色と非伝統色の両方と、色合い、ろうけつ染め（バティック）パターンを作りだし、天然素材の手織り布をまぜたり、組み合わせたり。蜜蠟を使ったバティックのパターン描き、カレンダリングと呼ばれる伝統的な技法でのヘンプの加工、草木染め。わたしたちの仕事にはそういう工程も含まれます。自分たちが扱うすべてのテキスタイルがわたしの誇りです。手作りの布にはそれぞれの誕生の物語があるのですから。

100-103ページ：ヘンプの栽培から（ブルー・ハーモン族の収穫風景、100ページ）古来の手法による染色まで（上の写真はホームスタジオで染料の実験をするヴー・タオ）、キロメット109の服は100%ハンドメイド。

アザデ・ヤサマン
Azadeh Yasaman

インタビュー：アザデ・ヤサマン・ナビザデ（創設者兼デザイナー）
場所：イラン

アザデ・ヤサマンは2003年から手織り布と服を生産。イラン各地の優れた手織り職人との協力で伝統技術をよみがえらせ、忘れ去られていた手工芸を若い世代へ教えることで雇用を生みだしている。

何からブランドのインスピレーションを？

わたしは幼いころから裁縫と絵画をやっています。のちにテヘラン芸術大学でテキスタイルとファッションデザインを学ぶと、織り機が自分のデザインを表現する新たな道具に。わたしは自分たちの歴史に根づいたテキスタイルと服を作りたいと考えるようになりました。その後、夫と同僚のアリ・ハティーブ＝シャヒディが、わたしの仕事により専門的なアプローチを取り入れてくれたのです。伝統的手織りを探して国内をめぐったものの、見つかったのは閉鎖した工房ばかり。伝統手織りの復活に乗りだしたのはこれがきっかけです。2005年、カーシャーンにある廃業寸前の絹織物工房とようやく提携にこぎ着けました。このコラボレーションはこんにちも続き、カーシャーンはいまでは絹織物が盛んです。

地域のアーティザンを見つける方法は？

地域の産業を復活させるため、多くの調査を実施し、古来のクラフトを教える工房を設立。たとえば2009年にはクルディスターン州へ行ったときは、中古商品店で品物の山の下にモッジ布を見つけました。かつては毛布として使われたモッジ布は、機械織り毛布の登場で古くさいと見なされるようになったのです。まるで1000年前の先祖に出会ったような気分でした。昔は、家族全員が分担してモッジ布を作ったものです――女性は織り機の縦糸張りと糸の染色、子供はシャトルに糸を巻きつける仕事、布を織るのは男性。けれどそんな慣習は捨てられてしまいました。協力してくれる織り職人を見つけるのは1年がかりでした。

2017年には織物の長い歴史を持つゴレスタン州へ赴きました。3年の調査を経て村に工房を作り、現地の女性を10人雇って、土地の文化に根を持つ工芸を指導しました。桑を植えて蚕を養殖し、絹を紡いで染色、そこからドレス用の布を織ろうと考えています――コミュニティに収益をもたらし、環境開発および社会的発展へとつながる、効率的で拡張可能な生産モデルです。

あなたの仕事のインスピレーションは？

これまで展示会開催、講演会の実施、記事執筆、さまざまな賞の受賞などを経験しましたが、自分たちの支援で生まれた仕事ほど満足感を与えてくれるものはありません。何千年もの時をかけて伝えられてきた、いにしえの手工芸を、わたしたちは自動化された生産ラインに譲り渡してしまいました。優れた職人たちがわたしたちの世代で消えていこうとしています。未来の世代のために伝統を保護しなくては。織物が繁栄の翼となり、活力溢れる美しい世界で服が平和のシンボルとなるよう願ってやみません。

104ページ：古来のモッジ織りは銅鍋で糸を茹でて色を出す。カフタン自体、何千年物歴史がある服だ。

クロエ
Chloé

インタビュー：オード・ヴェルニュ（チーフ・サステナビリティ・ディレクター）
場所：フランス

Chloé
Chloé
Chloé
Chloé

ラグジュアリー・ブランド、クロエはサステナビリティに焦点を当て、女性の地位向上を支援、包括性（インクルーシビティ）を推進している。その究極の目標は意義あるインパクトを持った美しい製品を作ること。2025年にはコレクションで用いる素材の90%を環境負荷の少ないものにし、フェアトレードによる資源調達を30%に拡大することを目指す。

近年、サステナビリティと気候変動対策に真っ向から取り組むようになった理由は？

すべてのきっかけは新型コロナウイルスによる最初のロックダウンでした。2019年12月に新たなCEOとなったリカルド・ベリーニは、クロエを目的意識に導かれた企業にすると約束。その第1歩が自分たちの意義の提議でした。クロエの歴史とDNAを振り返って、新たなサステナビリティ戦略を打ち立てたのです。

クロエはエジプト生まれの偉大な女性、ギャビー・アギョンによって1952年に創業。彼女は画廊のオーナーだった夫とパリへ移り、夫婦ともに美術界と深い関わりを持ちました。ギャビーは働く必要がありませんでした――それに女性が仕事をするのはみっともないことだと見なされていました――けれども彼女は何かをやりたかった。女性のドレスは自由に動けないと、初の高級既製服を発表。これはオートクチュールしかなかった時代のことです。彼女は女性の自立を励まそうとしました。

教育の普及と女性の企業を推進する、ユニセフ（UNICEF）との3年間の共同キャンペーン、Girls Forwardの背景にあるのはこの理念です。2020年にはさまざまな高級ファッションハウスが環境に与える影響への取り組みを始めていましたが、社会問題へも目を向ける必要がありました。それにわたしたちが真っ先に取り組みたかったのが女性の抱える問題だったのです――ここから“Women Forward。より公平な未来のために。”というわたしたちの宣言が生まれました。なんと言っても、わたしたちは女性のために作られ、サプライチェーンの女性たちにより作られている産業です。ここから、世界フェアトレード連盟（WFTO）と提携し、女性が率いる社会的企業ネットワークと協力するようになりました。

ラグジュアリーファッション企業が社会問題を軽視する理由は？

理由はいくつかあります。ラグジュアリー・ブランドは現地生産、クラフトマンシップ、技術に重きを置き、社会問題は海外に生産拠点を持つファストファッション・ブランドのものと見なしがちです。また、サプライチェーンで起きていることについて話すのは“ラグジャリアスでない”とし、製品を作る人々より、職人の技術とその保全を大切にすることを好みます。対外的な理由もあるでしょう。メディアと消費者――中でも若い消費者――の主な関心は、ファッションハウスが環境に与える影響です。ファッションは世界第2位の汚染産業という誤った情報が蔓延しているため――実際には4位か5位です――ファッションハウスはその方面で力強い印象を与えたいのです。ファッション協定（2019年G7サミットで発表）も環境問題への取り組みがメインです。

わたしたちは自社の数値、計画、自分たちにできる具体的な活動を企業内で伝え合い、みずから評価、2021年7月には外部向けに初の環境報告書を発表し、2021年10月には環境へ配慮している企業に与えられるBコーポレーション（B Corp）認証を取得しました。いちばん大切なのは、取締役会でサステナビリティを取りあげること。だからこそわたしは役員のひとりなのです。もちろんクリエイティブ・ディレクターのガブリエラ・ハーストも、CEOと取締役会の全メンバー同様に、サステナビリティ重視と変革を後押ししています。外部アドバイザーを招いてサステナビリティ委員会も設置。2021年4月からはすべてのコラボレーターの業績計画におけるサステナビリティ関連指標を統合。サステナビリティ戦略に4つの柱を設けました。人材、調達、コミュニティ、そして地球。透明性と説明責任を大切にし、それぞれの柱とKPI（重要業績評価指標）はすべてクロエのウェブサイトで公開しています。

気候変動、環境および社会問題へのクロエの取り組みとは？

わたしたちの決定は科学にもとづきます。これによりしっかりしたロードマップを作成し、教育的手段を取ることができます。陸と空での輸送手段の共有については、オペレーションズ・ディレクターと現実的な目標を検討。環境問題の最優先事項は原材料の移行でしょう。なにせわたしたちが地球へ与える負荷の51％を占めているのですから。2021年、環境への負荷が低いと考えられる素材（オーガニック、リサイクルなど……）についてルールを作り、達成すべき割合を決めました。わたしたちの目標は2025年までに原材料のうち90％を低負荷な素材へ変えること。排出量削減目標は、2025年までの製品当たり25％削減を目指し、2022年までに15％の削減から始めます。

社会問題に関しては、レディ・トゥ・ウェアの20％をフェアトレード製品に。2018年にはファーの使用を廃止し、アンゴラの使用もやめています。レザーは消費された肉の副産物を利用。フィンランドのデザインデュオ、Mifuko（ミフコ）とのコラボレーションでは、ケニアで手織りされた低負荷なバスケットを作り、フェアトレードを支援しました。マダガスカルには世界フェアトレード連盟の認証を受けているサプライヤーがいますし、高い技術を持つ難民と社会的企業を結びつけるMADE51とも提携しています。リジェネラティブ農業プロジェクトも検討中です。農家や原材料の生産者と直接関係を持ったことはないので、わたしたちにとってまったく新しい経験になるでしょう。

直面している最大の障害とは？

あげていたらきりがありません！　主要な問題ふたつをかいつまんで説明しましょう。ひとつは測定法――ファッションが社会と環境におよぼす影響それぞれの、標準となる測定法が必要です。ラグジュアリー・ブランドグループ、ケリングはファッションが環境に与える影響を測定する初のツール、EP&L（環境損益計算）を発表。クロエも自分たちの活動が社会に与える影響を測定するツール、ソーシャルP&Lを開発中です。2番目の問題は成長。量より価値を奨励し、より優れたサーキュラリティを達成するためにビジネスモデルを見直す必要があります。

106-9ページ：ケニアで天然繊維を手織りしたMifukoのバッグは地域の女性職人およそ700人の定期収入源。

タンジー・ホスキンズ　Tansy Hoskins

タンジー・E・ホスキンズは受賞歴のあるジャーナリスト兼著述家。第1作、『Stitched Up: The Anti-Capitalist Book of Fashion』（2014年、未邦訳）は女優で活動家のエマ・ワトソンがブックリストにあげている。2作目、『Foot Work: What Your Shoes Are Doing to the World』（2020年、未邦訳）はわたしたちが履く靴の恐ろしい裏側が暴かれています。

「ファッションと服飾産業は、人々と地球を搾取しているとやり玉にあげられています。ところが着るものに関するわたしたちの認識は足首で止まりがち。けれど、靴についての議論が必要です。フットウェア産業は安全基準、賃金、企業の透明性でファッション産業の中でも10年遅れているのですから。かつては村の靴屋が作り、足を覆うだけだった靴は、いまや複雑な工業製品と化し、1日6,660万足のペースで主にグローバルサウスの生産ラインで作られています。この数字はコロナ禍で下落したものの、損失を取り戻すべく企業が躍起になり、ふたたび上昇中。これだけの規模の生産と消費が規制を受けずに不当な扱いが横行しているのですから、製靴産業はあらゆる点で危機に瀕し、環境的・社会的な大惨事へと突き進んでいると言えるでしょう。現代の靴の作り手は、いまも有害な蒸気に有毒化学物質、貧困レベルの賃金に蝕まれているのです。

なぜそんなに靴が有害なのかを理解するため、靴をばらばらに分解してみましょう。1足の靴は40のパーツから成り、それぞれさまざまな素材からできています――金属から何種類ものプラスチック、コットン、合成ゴム。さて、いいですか。スニーカーの衝撃吸収剤としてミッドソールによく使われている、薄っぺらのエチレン酢酸ビニールは、ゴミとなっても1000年分解されません。

とはいえ、わたしたちが履いている靴――わたしたちの足を守って前へと進めさせてくれるもの――は、わたしたちには世界をよりよく変える力があるという希望の象徴でもあります。製靴産業の変革を目指す動きはすでに存在します。イギリスはラフバラー大学でサステナブルエンジニアリングを専門とするシャヒン・ラヒミファード教授は、靴のすべてのパーツをリサイクルする方法を開発中で、1足ずつではなく、数百万足単位での処理を試みています。“断片化後の分別”と呼ばれるこの技術では、靴を細かく裁断したあと素材を分別して再利用。ここでは素材の循環と資源利用に重点が置かれています――素材は“資源銀行”から借りるだけ、そして使用には正当な理由が必要で、最後は使える形にして戻すこと。“消費する”資源に対し、“利用する”資源というシステムです。

ビグティゴン・ニシュノーベグ（Biigtigong Nishnaabeg）（カナダの先住民族（ファーストネーション））の優れた学者、ライリー・クッチェランはファッション産業に真っ向から挑戦すべく、先住民族のファッションの推進・記録化・展示をおこなっています。ライリー自身の言葉によると、「先住民族のファッションはファッション産業に対するアンチテーゼ とみなしています。わたしたちのファッションには強力なコミュニティ、そして動植物との健康的な相互関係が欠かせません。サステナブルやスローファッションと説明するほうが簡単でしょう――これらはファッション研究や産業を引っぱっている言葉ですから。だけど、先住民族ファッションはもっとすごいものだと声を大にして言いたい。そこには いかなる主流の消費ファッションよりもはるかに優れた精神的な意味があるのです」。

製靴産業にも変化の可能性はあります。2014年には労働者パワーの爆発が中国を揺さぶっています。40万人を超える従業員を抱える世界最大のスポーツシューズ製造業者裕元（ユーユン）工業では、社会保障給付金と住宅積立金が長期間未払いになっているのに抗議して、およそ6万人の労働者がストライキを決行。裕元側が折れるまで何週間もストが続き、およそ1億ドルもの純利益の損失に。労働者が「もうたくさんだ！」と声をあげれば何が達成できるか、ここからわかることでしょう。

ドイツの研究所、ジュードヴィンド（SÜDWIND)、クリーンな服を求めてイタリアで展開された運動、La Campagna Abiti Puliti、アメリカとカナダの反スウェットショップ学生同盟（United Students Against Sweatshops)、ほかにもCircular Footwear Initiative、Better Shoes Foundationが製靴産業を糾弾する声をあげています。ですが、まだまだたくさんのことが手つかず。国際的法制度よって企業のパワーは太刀打ちできないまでに急増、労働組合は脇へやられ、抗議活動は犯罪とみなされ、経済システムは人種差別・性差別による搾取のうえに築かれています。こんなシステムを民主的で平等・公正なものに変えるには、地球上のすべての市民が一丸となって変化を求めるしかありません。靴には4万年の歴史があります。荒野を突き進む助けとなるために誕生した靴は、人間の最善と最悪の姿を目撃してきました。生まれ変わった未来へわたしたちを歩ませるもの、人類と地球の末路を暗示するもの。靴がそのどちらとなるかはわたしたちしだいです」。

ファイヴ・P

Five P

インタビュー：シュリ・バーラティ・デヴァラジャン（CEO）とマーノ・ランジャン（取締役）
場所：インド

シュリ・バーラティ・デヴァラジャンとマーノ・ランジャン夫妻は共同経営者。地域に伝わるテキスタイルを“守り（protect）、保存し（preserve）、宣伝する（promote）”ため、2013年、シュリの父親とともにファイヴ・Pを設立。残るふたつのPは“繁栄（prosperity）とあとに来る時代（posterity）”。この5つのPに裏打ちされて、世界的ブランドのためにサステナブルな服、テキスタイル、アクセサリー、ホームファニシングなどを生産し、それらを作った職人たちへ利益の多くを還元している。

ファイヴ・Pを立ちあげた理由は？

シュリの祖父が生まれたコミュニティ――タミル・ナードゥ州（インド南部）、チェンニマライ村――へのお返しです。シュリの父親は学歴はなかったものの、仕事に励んでテキスタイル会社を興し、建造業にも着手。テキスタイル関連の経験は皆無で、わかるのは紡績工場の建て方ぐらい。そこでオーストラリアのロジスティクスサプライチェーンコンサルタントと提携し、数々の意見をもらいました。また、オーストラリアから3人のデザイナー――ロイヤルメルボルン工科大学の卒業生――を招いて、ベッドシーツの織り職人の地域コミュニティとともに、主にデニムの試験的な研究をおこないました。

チェンニマライ・コミュニティは手織りのベッドシーツがよく知られています。インドならどこの家庭でも織っている、自慢のテキスタイルと言えるでしょう。IKEAは1995年から大量のベッドシーツを仕入れていましたが、2005年に手織りのシーツから機械織りへと転換。チェンニマライの織り職人10万人が仕事を失いました。こんにちでは仕事のある織り職人はたったの1万人。デザインやマーケティングをアドバイスする者もいませんでした。チェンニマライのベッドシーツとタオルはやわらかくて吸水性があることで有名で、それ自体が一種のブランドです。政府は選挙で票を獲得するために織り職人を増やす政策を取っていますが、政府の援助では生活および手織り製品の市場性の改善につながりません。

サステナブルでエシカル、リジェネラティブな製品を生みだすためのアプローチとは？

オーガニックコットン、そして天然藍で染色したデニムで試すことにしました。その後はほかのエコフレンドリーな繊維（テンセル〈TENCEL™〉リネン、リサイクルポリエステル、リサイクル・アップサイクルコットン）を使い、高品質のサステナブルな布作りを織り職人に教えることに。また、サステナブルな新素材を試しているところです。いまはテンセル（TENCEL™）リュクス、蓮の茎から採れる蓮糸、オレンジ繊維を研究・開発中。グリーンビルディング認証を受けた最先端の建物に工房を構え、現在はおよそ40人の職人が働いています。彼らは自分たちの仕事に誇りと尊厳を持っています。

高品質を保って生産を慎重に管理できるよう、世界各地から厳選したデザイナーブランドと提携。デザインするうえで、手織り布であることを大事にし、機械で複製できる布にはしないようブランドにお願いしています。機械で作れるなら、いつかどこかで誰かが、もっと安価で手っ取り早い作り方を見つけるでしょうから。ブランドと消費者は、これが生活向上に違いを生みだすことを理解しはじめていますが、この考えをわかっていない人はまだまだたくさんいます。インドは世界的テキスタイル生産国とはいえ、プリマーク（Primark）やマークス＆スペンサーなどへの大量生産がその大部分を占めています。

デザイナーとの仕事はどのように？

400種の材料見本をまとめた本があり、デザイナーはそれから選んで使いたい布を購入します。人気はコットン、それにコットンとリネンのブレンド生地。ドビー織りとジャカード織りも新たに始めました。デザイナーのリクエストに応じて材料見本を作るデスクトップユニットも用意しています。

もっとも大切にしているのは手織りですが、現実的になることも必要です。仕立部門のために50台を超える機械式織り機でGOTS（オーガニック・テキスタイル世界基準）認証のオーガニックコットン、リサイクルコットン、先染ジャカード織りとドビー織り用の布を生産。これが組織としての生き残りに役立っています。

手織りの利点とは？

機械式織り機は年間1万5,000メートル（1万6,400ヤード）の布地を生産し、5.55トンのCO2を排出します。はた織り機で1日10メートル（11ヤード）生産すると、毎年1.1トンのCO2が削減されることになります。ここでは照明と送風機も太陽光発電です。糸が工場へ運びこまれ、布地として出荷されるプロセスにかかる電力はゼロ。わたしたちの働き方が生みだす影響を理解しようと、織り職人の家庭も訪問しました。彼らは朝早くから起きて家事を3時間し、午前9時に出勤。通勤の手間がないから1日当たり3時間節約できます。各家庭は牛を2頭ずつ飼っています。自分の家族やコミュニティと過ごす時間がたっぷりあるのです。

わたしたちがやっているのはムーブメントを起こすこと。このモデルはサブサハラアフリカでも実行可能です。いまも10億人——世界人口の7分の1——が1日0.5ドルで暮らしています。はた織り機を与えれば、生計を立てる手段となり、収入が1日4米ドルにあがります。ブランドが生産のわずか0.1％を手織りに転換すれば、数百万規模の雇用となり、貧困はなくなるでしょう。

112-15ページ：地域の手織りコミュニティ支援のために設立されたファイヴ・Pは、いまでは世界中のデザイナーやバイヤーに手織り製品と生地を販売。フルタイムで働く手織り職人と仕立職人のチームとともにエシカルでサステナブルな生産モデルを実践する。

カディ・ロンドン
Khadi London

インタビュー：キショール・シャー（創設者）
場所：イギリスとインド

カディ・ロンドンの布地は、コミュニティに根ざしたインドの農家、牧畜業者、職人の手で責任を持って作られている。ブランドのミッションは、手工芸と来歴を大切にするデザイナーの支援と、ファストファッションの持続不可能なビジネスおよび使い捨て文化への挑戦だ。

何からブランドのインスピレーションを？

1970年代、わたしはガンジーの思想をもとに、土地改革と地域組織を求めるサルボダヤ運動にボランティアとして参加、カディ（手紡ぎ・手織りの天然布）はこの運動になくてはならないものでした。ビハール州の奥地で活動したことも、暮らしの価値と農村部の開発に関する考え方の土台となり、のちには国際支援コンサルタントとして、インド州政府が持続可能な枠組みの中で地域コミュニティとよりよく連携できるよう尽力することに。やがてサステナビリティはそれだけでは不充分だと気づきました。それがきっかけで非暴力とガンジー主義に自分のルーツを再発見したのです。ガンジーの思想を形にするものを探していたときに、ロンドンでカディのお店がオープンするという記事を目にし、カディこそ答えだと思いました。ところが大好きなカディを手にできると行ってみると、カディは売り物ではなかったのです。

カディ・ロンドンの創設時には、認証を受けたカディのみを取り扱っていました。しかしそれでは不充分だと、革新的イニシアチブとのインタラクションを模索し、そのための枠組み、3Dアプローチを設けました。これは、Decentralized〈脱中央化〉（資源に最大の価値を）、Democratic〈民主化〉（生産手段の所有権の最適化、農家、牧畜業者、職人、コミュニティによる管理参加の最適化）、Diverse〈多様化〉（種子、品種、生産方法における多様性の推進、個別のコミュニティに適した選択）です。

あなたにとってリジェネラティブ・ファッションとは？

さまざまなレベルにおいてリジェネラティブな衣料品生産です——土壌の健康、水資源の保全、生物多様性、暮らしと公平・公正さ、社会的正義、経済と政治。現在のインドのコットン、ウール、シルク生産方法では、たとえ持続可能とお墨付きでも、土壌の健康と生物多様性の喪失、水資源の枯渇に至ります。ですからわたしたちはその代替手段を推し進めているのです。

コットンの例をあげると、インド原産の品種は過去数十年で“アメリカ産”に取って代わられました。農業研究所が交雑品種を導入したことで遺伝子組み換えコットン、Btコットン（世界中で種子を独占販売状態にあったモンサント社がアメリカの農家向けに開発）が入ってくるように。Btコットンは画期的な品種と喧伝されたものの、蓋を開けてみると、生産コストが高く（種子、化学肥料と化学殺虫剤、水、エネルギー）、収穫高と品質は期待を大幅に下まわって利益は減少。Btコットンを栽培していた農家が高額の借金を抱えて自殺するケースが続出しました。

Btコットンは、消費と資金ニーズの両方に応える多毛作をやめ、換金作物一本に絞る動きの一環です——これによって市場経済への依存は高まり、作物の多様性から家畜や農家の栄養状態にまで影響がおよびます。化学肥料は土壌の生産力と健康を損ないがちです。この流れを反転させ、農地の休閑・回復、牛糞堆肥と緑肥作物への移行を促すには投資が必要です。栽培可能な原産品種の種子も深刻な欠乏状態にあり、中でも農家が再利用できるものが不足しています。さらに、国際市場に認められているオーガニックコットン認証システムは農業法人の契約システム向けで、個人農家や小規模グループには向いていません。

ですが、オーガニックコットンの世界的な需要の高まりは、自然に即した農法へ移行する流れを生みだしました。わたしたちはこの移行を開始した農家からコットンを調達・奨励することでこの流れを支え、この旅路の実証に努めています。

オーガニック／リジェネラティブコットンへの移行は多くの面で土壌を改善します――多孔質になることで吸水力・水分保持力が上昇、根の生育を増進、植物のためによりよい栄養を提供、動植物の多様性を促進。

多毛作は人や牛の食料となる作物を含む場合は特に利益率が高く、森林やその他の共有地への負荷を軽減します。

原材料を現地で加工することにより収益があがり、労働者が閑散期に仕事を求めて出稼ぎに出ることもなくなります。また、女性たちは原料の付加価値を高める作業に携わることで、自信と権限を得るようになるでしょう。

カディにとってのリジェネラティブ・ファッションとは、以上のすべてを含むのが理想であり、農家や牧畜業者からファッションブランド、消費者に至るまで、人と人とのよりよいつながり、より多くのつながりもそこへ加えられます。わたしたちは早い時期から、顧客とサプライヤー間のつながりを促進してきました。

もっとも誇りにしている製品は？

社会的企業Gram Sewa Mandal（GSM）が栽培した在来種のオーガニックコットンを使った無漂白のカディで、これでマスクを作りました。気に入っている理由はいくつかあります。GSMが栽培者、紡績工、そしてその他の職人の福祉に配慮していること。現地の農業研究施設と協力しているので生産規模の変更が容易なこと。そしてコットンから生地まで生産工程をすべて地域でおこない、いずれは村全体の事業へ育てようとしていること。GSMは糸車も導入、在来種コットンの短い繊維まで加工できるようにしています。

116-19ページ：キショール・シャーは2014年にカディ・ロンドンを設立。サステナブルなテキスタイル不足の市場に、インドで手紡ぎされた本物のエシカルファブリックを紹介している。

バードソング
Birdsong

インタビュー：スザンナ・ウェンとソフィー・スレーター（共同創設者）
場所：イギリス

ロンドンを拠点とするファッションブランド、バードソングは、地域のコミュニティパートナーへ生活賃金と意義・威厳のある雇用を提供している。

何からブランドのインスピレーションを？

イングランド北部ノース・タインサイド育ちのソフィーは、学習障害のある地元の人たちに手工芸を教える母親の姿から、クラフトには元気を回復させる力があることを学びました。当初ソフィーはエシカル衣料ブランドに勤めていましたが、社会問題に取り組む人材を育成するプログラム、Year Hereへの参加を認められてロンドンへ移り住み、セックス労働者やホームレスとともに働きます。2014年、ロンドンの女性従業者を対象とした調査をおこない、92%が収入減を経験していることを発見。クラフトで収入を生みだせるのではと、バードソングのアイデアが形作られました。

スザンナはファッションデザインを学んでサステナブル・エシカルデザインを専攻、卒業後はさまざまなブランドで5年間のキャリアを積みました。彼女は移民二世の家庭出身で、父親は中国人。これは、海外のメーカーは“あっちの人たち”とされ、遠く離れているために人権がないがしろにされがちなこの業界において貴重な視点を彼女に与えています。わたしたちが地元で生産し、ともに働く人たちひとりひとりを知るようにしているのはこのためです。

あなたにとってリジェネラティブ・ファッションとは？

服の生産、ライフサイクル、寿命を迎えたあとが、ニュートラルな——理想的にはポジティブな——影響を環境と服を作る人たちに与えること。そして新たな理想を掲げて古いシステムを再構築すること。わたしたちはふたりとも社会的企業／慈善事業畑出身なので、ファッションを生みだす“普通の”の方法を知りません。ですから自分たちが納得できるやり方を作りだしました。

デザインプロセスから、バードソングの仕事を説明すると？

デザインはイーストロンドンにあるスタジオですべておこないます。インスピレーションの源はアート、自然、文化。メーカーの技術に合わせてコレクションのコンセプトを作りあげ、型、ディテール、プリント柄をすべて手描きしてオンラインで共有、フィードバックをもらいます。パタンナーのグレイシーが各デザインのサンプルをいくつか作り、わたしたちのコミュニティが試着——どんなサイズの女性でも着ていて快適な服がいいですよね。服を生みだす技術に見合う適正価格をメーカーとともに決定。最後にサンプルを作ってもらい、それを自分たちのスタジオで撮影してホームページに載せ、あとは注文に応じて服を製作。女性の身体を表現するのに使われる不快な言葉に対抗して、写真撮影はポジティブさを前面に押しだし、トランスジェンダーの女性、難民、障害を持つ人たち、年を重ねた人たちを使うなど、いろいろなことをやっています。

注文制なので、求められるものだけを生産。メーカーには常に生地を補充しており、注文が入るとすぐに取りかかれます。先にほかの注文が入っていたら数週間かかりますが、それでも地元のメーカーだから、遠く離れた工場で製造するより早くできあがります。作付けからクローゼットまで、わたしたちの服は2カ国を旅し、平均8,423キロメートル（5,234マイル）移動します。2020年、BBCの報道では、一般的なハイストリート・ファッションは店舗に並ぶ前に7カ国——2万2,000キロメートル（1万3,670マイル）——を移動。バードソングでは梱包と発送は、学習障害のある人たちへの訓練を提供する地域の社会的企業、MailOutに委託しています。

あなたたちの手もとを離れたあと、バードソングの服はどんな一生を？

服には、繊維別のお手入れ法、洗濯によるマイクロファイバーの流出を防ぐ洗濯ネット、グッピーフレンド・ウォッシング・バッグの使用法、低温での洗濯、洗濯以外の方法、さらには服の譲り先と修理先を記した手引き書を添えています。

販売後の服を追跡する循環型プラットフォーム、オーニ（Owni）とも提携し、寄付、リサイクル、リセールを容易にしています。服がリセールされると代金の一部はバードソングに支払われ、製品寿命を意識したデザインへの励ましとなっています。

もっとも誇りにしている製品は？

2021年春夏コレクションのグリーンスリップドレスです。ランカシャー州でテンセル（TENCEL™）にプリント加工したものを、イーストロンドンにある社会的企業FabricWorksが縫製、MailOutが梱包。もっとも美しく、ポジティブな来歴を持つ服となりました。このドレスは創業時からデザインとカラーを変えて繰り返し作ってきたもの。最初のデザインはいまよりフィット感に欠け、生地もサステナブルとは言えず（当時は社会的課題に重点を置いていました）、このドレスを見るとこれまでのわたしたちの歩みを目にするかのようです。

生産パートナーとの印象的なストーリーは？

モナ・ナシェッドはイーストロンドン・コミュニティの大黒柱——わたしたちのスローガンTシャツに機械刺繍し、地域の女性を手伝いに雇っています。ソーイングセンターを運営して職のない女性を援助し、DVの被害者には安心して集える場所と、支援・研修を提供。バードソングから得た収入を機器に再投資して学生を雇用し、学生の中には自分で起業する人も。モナはこう語っています、「バードソングのメーカーのひとりであることを誇りにしています。出身や住んでいる場所、何者かということに縛られず、さまざまなバックグラウンドを持つ女性たちが自立できるようにする、彼女たちのビジョンはほんとにすばらしい」。

120-23ページ：バードソングの共同創設者、スザンナ・ウェンとソフィー・スレーター（121ページ左から右の順）は、モデルからメーカー、梱包業者まで、ブランドの成功に貢献している個人のウェルビーイングをビジネスでもっとも大事にしている。

アサド・レーマン Asad Rehman

アサド・レーマンは窮乏との戦い（War on Want）の指導者。イギリスを拠点とするこの組織は世界各地の企業や政府による人権迫害を暴きだして糾弾、社会格差と貧困を引き起こした者たちの責任を追及している。

「世界を変えるのはワードローブではありません。世界がワードローブを変えます。ファッションに関心があるなら、ファッションの未来は気候変動というリング上で戦われ、その舞台は世界貿易機関（WTO）や官庁となるでしょう。社会、環境、そして人権へ企業がおよぼす影響に新たな規制を課すかは、そこでおこなわれる議論により決定されます。企業の責任を問えるかどうかもそこで決まります。

問題は、さまざまな課題がいくつもの顔を持ち、相互に絡まっていること。シンプルな答えひとつでは解決できません。バングラデシュを例にあげると、労働者にもっと権利をと要求すれば、ブランドがオートメーション化へ切り替える恐れが出てきます。労働者がいなければ苦情を申し立てる者もいなくなるのですから。それか、低賃金で規制のゆるいほかの国へ製造拠点をさっさと移してしまうかも。いわゆる“底辺への競争”において、企業が同じ搾取を新たな場所で繰り返すのを止めるものはありません。よりよいサステナブルな素材を企業に求めれば、新しい合成繊維を作りだしてくるでしょうが、そのために使われるエネルギー量は度外視です。

けれども希望はあると信じています。これらの課題が絡みあっているからには、ソリューションもまたそれぞれに関わるものになることを理解する人々が増えているのですから。この世界に生まれた人間は誰しも尊厳を持って生きる権利を持っている。そう認めるところからがスタートです。これはわたしたちのすべての考えを支える根本的な真実。けれどもそれを真実として受け入れたら、次のステップはこう問いかけること。「で、それにはどうするの？」

人に尊厳を与えるもの、それが生活賃金。最低賃金ではありません。世界の不公平さを表す賃金でもない。バングラデシュに暮らす者は、どんなに頑張ってもせいぜい極貧の暮らしを避けられる程度という賃金ではなく1日1.90米ドルが世界の貧困の境界線だから、それをうわまわればいいとするのは誤った考えです。世界の半分は5.50ドルで、これは中・高所得国では貧困ライン。つまり、1日2ドルもしくは3ドルでも、場所に関わらず、やはり貧困状態なのです。アメリカで時給15ドルを生活賃金とするよう求めるなら、グローバルサウスで1日15ドルを求めることの何がおかしいのでしょう。それは尊厳ある生活に必要な賃金なのです。家族を養い、来月は大丈夫かと不安にさいなまれずにすむ賃金。

これらの国々の労働者には、普通の人と同じ社会的保護と権利が必要です。すべての労働者のための最低限の経済支援と言える、健康、教育、住居、きれいな水などの公共サービスも。ここ数年の経験は、わたしたちひとりひとりにとってこれらがいかに重要かを実感させたのではないでしょうか。

最後に、周知のことですが、資源の消費にも所得同様の格差があります。商品を消費しているのは、それらを生産している人々ではなく、いまだにグローバルノースの人々が圧倒的大多数。消費とカーボン・フットプリントを削減しなければならないのは事実です、けれどもところかまわずそうすべきというわけではない。世界の半分は貧困のない暮らしを送れるよう、衣料、住居、輸送分野の消費を増やす必要があります。けれども、今世紀中に気温が少なくとも2.7度（華氏4.86度）上昇する恐れがあるのもわかっています。温暖化対策が約束され、気候非常事態宣言が出され、世界リーダーズ・サミットが開催されたにもかかわらず、温暖化は進行中。1.5度（華氏2.7度）に抑えこむには、この危機にもっとも責任のある富裕国が2030年までに脱炭素化しなければなりません。現実はその実現からほど遠く、そこで社会内および社会間での経済格差を考慮に入れ、相応の炭素予算（カーボンバジェット）を各国へ求めるアプローチが必要となります。しかし、カーボンバジェットにオフセットを含めることを容認してはなりません。これは炭素によるさらなる植民地化政策です。世界資源の公平な割り当て分まで自国の消費を減らす覚悟なしでは、何も成しえません。

以上3つの分野で平等が実現されれば、そこにおけるファッションの役割についてまったく新たな対話ができるでしょう。ファッションは3つの分野すべてに流れている川のひとつなのですから。ファッション産業を変えたいなら、もっとも大きな違いを生みだす行動は衣料品セクターの労働組合支援です。変革のためのもっとも強力な手段であり、その変革が正しく、公平であることを確約してくれるでしょう」。

JARAFIN

JARAFIN

インタビュー：ラフィン・ジャナット（デザイナー兼創設者）
場所：イギリス

JARAFINはベンガルとイタリアの伝統にインスパイされた、エシカルで機能的、コンテンポラリーなファッションレーベル。そのデザインは時代に左右されることなくいつまでも着ることができる。

サステナブルなテキスタイルと伝統的クラフトへの情熱の源は？

わたしはバングラデシュ生まれ、イタリア育ちです。バングラデシュは工場崩落、スウェットショップ、ファストファッションの地として見られていますが、テキスタイルの豊かな伝統があることはあまり知られていません。大学2年のとき、バングラデシュの伝統的テキスタイルと絡めてサステナブルな物作りを研究し、それがきっかけで伝統的なクラフトマンシップに関心を持ちました。このプロジェクトの期間中、バングラデシュを訪れて、テキスタイルの調達や装飾を職人たちと直接交渉したいと願うように。消滅の危機にある伝統的クラフトをコンテンポラリーなレンズを通して生まれ変わらせたいという夢はここから誕生しました。

あなたにとってサステナブル・ファッションとは？

わたしにとって、真の持続可能性（サステナビリティ）はふたつのことから構成されます。ひとつめは“人々”、ふたつめは“地球”。このふたつのバランスが取れたとき、真の持続可能性が達成されます。優先されるのは人々です。どのようなビジネスモデルでも人の福祉が最優先されなくては。衣料品工場の労働者であれ、無給のファッションインターンであれ、ファッション産業はもっとも弱い立場にある人たちから搾取することがよく知られています。わたしはラナプラザ工場の悲劇と家族や生活を失った多くの人たちのことをたびたび思い返します。同様の惨事は多くの途上国でいまなお起きている。ふたつめについて言うと、ファッションは地球を犠牲にしてはなりません。デザイナーとしては1着、1着が美しく、購買意欲をそそる服であることが大切ですが、服作りではエシカル面・社会面・環境面で、責任ある服かどうかがわたしの大事にしている判断基準です。

生地の調達手段は？

扱うのを“天然生地のみ”にしたのは、合成繊維のほとんどが生分解しないからです。また、色落ちしない天然染料を調べ、自然の土から成分を抽出したベンガラ泥染めにたどり着きました（キャプション参照）。

JARAFINでは布地の55%はバングラデシュ産。残る45%はイギリス、イタリア、フランス、オランダ、日本産です。試練に直面することもあります。たとえば、イブニングドレスの手袋に使える天然布探しはいちばん大変でした。充分な伸縮性のある、透ける素材。手袋と言ったら、合成繊維かレザーばかりです。最終的に、ロンドンのシルク卸売業者Pongeeで伸縮性のあるシルクジョーゼットが見つかりました。

伝統的クラフトマンシップを革新的なバイオテキスタイルと組み合わせることもわたしの望みでした。そしてミルクプロテイン繊維で作られたジャージー生地をイギリスのOffset Warehouseから調達できるように。ここは透明性のある、トレーサブルなオンラインファブリックショップです。バイオテキスタイルを見つけるのは大変ですが、不可能ではありません。将来的にはコモン・オブジェクティブ（68-69ページ参照）のようにコンシャスな調達プラットフォームが増え、新進デザイナーたちがよりよい選択をする助けとなることでしょう。

126ページ：ベンガラ泥染めは土の成分を使い、日本で手作りされる天然染料。火を使用せず、耐光性のある色を生みだす。

KTS

KTS

インタビュー：キラン・カドウギ（クムベシュワール・テクニカル・スクール代表）とサティエンドラ・カドウギ（クムベシュワール・トレーディング・センター・マネージング・ディレクター）　場所：ネパール

1983年創立のクムベシュワール・テクニカル・スクール（KTS）は教育と職業訓練を提供し、ネパールの低所得家庭を支援。100％手編みの服やサステナブル素材で作られたアクセサリーの生産を含めた、収入を生みだすさまざまなプログラムが活動資金となっている。

KTSを始めた理由は？ KTSがコミュニティへもたらす社会的影響とは？

KTSはキランの父親（そしてサティエンドラの祖父）、シッディ・バハードゥル・カドウギが、クムベシュワールで道路を清掃して暮らす人々のために1983年に開いたものです。彼らはポレと呼ばれる最下層のカーストに属し、当時のカースト制度による差別はひどいものでした。道路清掃員は不可触民――カーストの最下層――だったため、厳しい偏見にさらされていたのです。カースト上層の人たちは、縁起が悪いからと、路上で彼らの姿を見かけることさえ忌避。道路清掃員は寺院へ入るのを禁じられ、迫害を恐れて、日が昇る前に1日1度だけ担当地区の道路清掃へ出かけました。社会的隔絶により、公共医療サービスを利用できず、教育、転職の機会もありません。生活環境もぞっとするもので、窓がひとつしかない住まいに数世帯が家畜とともに暮らし、清掃中に路上で拾う食べ物が彼らの食事です。

社会的な壁を取り払うため、KTSは彼らが入ることを禁じられていた仏教の僧院内に保育所を設立。遊んで学べる健康的な環境を与えました。大人たちのためには読み書きを教える講座を開き、健康、衛生、人権の大切さについてもここで教えることに。診療所も開いて、予防接種を実施。1987年、公式にKTS小学校を開校、大人にカーペット織りを教える講座はその前からあり、学校の運営資金をまかなうため、生産部門を設立しました。

ヘルスケア、教育、職業技能訓練などの社会プログラムを、収入を生みだすプログラムの開発と併せることで、30年にわたって社会的・経済的にコミュニティの力となり、2万人を超える人々の暮らしに影響を与えてきました。KTSの保育所と小学校は無償で、低所得家庭の地域の子供たちが、仕事を得るうえで必要不可欠な読み書きを教わり、質の高い教育を幅広く受けています。カーペット織り、手編み、木工の研修はさまざまな雇用機会へとつながります。KTSでも収入を生みだすプログラム作りを支援。低所得グループ、中でも女性たちと身体に障害を抱える人たちが直接利益を得られるようにしています。親のない子供たち、困窮した女性たちには、住む場所、教育、そして訓練が提供されます。また、KTSは地域コミュニティ、そしてもっと幅広い人たちに、自分自身とその未来に責任を持つよう働きかけています。

時代の流れとともに差別はなくなり、KTSはその他の恵まれない人々や低所得家庭へ、中でも女性へ、支援を広げられるようになりました。ネパールでは家庭内でさえ女性の声は聞いてもらえません。女性は夫や父親、家族の決めたことに従わなければならないのです。わたしたちは、そんな女性たちが自立し、家計に貢献できるよう、収入を生みだすプログラム作りを支援しています。経済力を得ることで、彼女たちの声は家庭で、そしてコミュニティでも、耳を傾けられるようになりはじめています。

現在、合わせて約200人の子供たちが保育所と小学校で学び、2,000人を超える女性の手編み職人が在宅で働いています。30年以上の豊富な経験に

よって磨きあげられた品質は最高級レベルで、デザインの参考資料に写真1枚あれば、どんなニットでも生産できます。わたしたちが取り扱うのは季節製品（主に冬）ですが、この問題にも負けることなく、1年を通して職人たちへ継続的に仕事を提供するよう目指しています。

世界フェアトレード連盟（WFTO）が掲げる10原則のうち一貫して大切にしているものは？

フェアトレード・グループ・ネパールの創設者として、WFTO、WFTOアジアの保証メンバーとして、そして非営利団体グッドウィーブ・ネパールのメンバーとして、フェアトレードにおける10原則はどれもすべて大切にしています。フェアトレードを心から尊重し、10原則に従った製品作りを生産者たちと心がけています。設立時からわたしたちが目指しているのは、恵まれない人々、弱い立場にある人々、ひとりひとりの職人に機会を提供すること——人々や地球を犠牲にして利益を得るのではなく、ビジネスによって人々に利益を与えることです。わたしたちは高品質のフェアトレード・カーペット、ニットウェア、家具を販売し、生産者と職人を後押し。収益はすべてKTSの活動資金となります。子供がいる研修生、生産者、スタッフのために無料の保育所も運営しています。

リジェネラティブ・ファッションを地域の職人への仕事提供へ結びつける方法とは？

地元で栽培され、加工も一部はネパールの農家が手がけている、バナナやイラクサ（アロー）など、サステナブルな繊維のみを使うことでです。バナナ繊維はバナナを収穫後に廃棄される茎が原料。アローは標高の高い場所で大量に自生するヒマラヤンジャイアントネトル(Girardinia diversifolia)を原料とし、社会から取り残されていた小規模農家へ機会を与えています。どちらの繊維もウールやコットンなど、ほかの天然性と組み合わせ可能です。

ほとんどの製品が手作りのため、発生する温室効果ガス（GHG）は少量です。染色の工程で薪を使っていたのを、電気と液化石油ガスに換え、完全な電化を目指しています。

気候変動危機、生態学的・社会的危機はカトマンズ渓谷に暮らす編物職人のコミュニティにどのような影響を？

ネパールはその地形のため、洪水や干ばつ、地滑りなど、気候に起因する災害にさらされることが多く、すでに世界的平均より速いペースで気温と降水量の変化が進んでいます。ネパールでは数百万人が農産物の減少、食糧不足、水資源逼迫、

森林や生物多様性の消失、インフラの損傷などの影響にさらされると考えられています。ネパールは世界でもっとも経済発展の遅れている国のひとつであり、国別GHG排出量は最低レベル、世界全体の0.027%です。なのに気候変動へ適応する充分な資金がないため、ネパールとその国民は気候変動の影響をまともに受けることに。

KTSの手編み職人の多くは先住民族コミュニティに属し、家族全員で季節農業をおこなっています。気候変動の影響で天候は不規則に――乾季はさらにからからになって、連続乾燥日の日数が増加。モンスーンは予測が難しくなり、雨が足りない季節があるかと思えば、降りすぎることも。たとえば今年（2021年）は近年になく降雨量が多く、過剰な雨は作物をダメにして収穫高をさげ、コミュニティの収益に響くことに。

KTSの展望とは？

カースト制度による差別は歳月とともになくなっていますが、農村部ではまだまだ見られ、多くの人たちがよりよい機会を求めて都市部へ出ていってしまいます。暮らしが貧しくては、差別に抗議の声をあげるのも難しい。人の本能は腹を満たすことを最優先し、ほかの問題について考えるのはそれからとなります。だからこそ社会的公正のための戦いにおいては、経済力が重要なのです。カーストの下層グループやその他の低所得家庭に職業訓練、教育、仕事の機会を提供し、彼らがほかの問題へ目を向けられるようにするのがわたしたちの目標です。

あなたの仕事を支える価値観とは？

わたしたちの父／祖父は自由のために戦いました。100年以上にわたってネパールを支配してきたラナ家一族の専制政治に反発してネパール会議派に入り、ラナ政権と戦うたくさんの人々を家族で支援し、匿ったのです。わたしたちの家族もカースト下層のコミュニティに属していたため、差別の対象でした。わたしたちには経済力がありましたが、そんな幸運に恵まれていない人は大勢いました。だから祖父はKTSを立ちあげたのです。わたしたち家族、そしてKTSが掲げるモットーはいまも昔も変わりません。“みんなに等しく機会を”。

128-33ページ：クムベシュワール・テクニカル・スクールは社会的壁を壊してカースト下層の労働者へ機会を与えるために創設された。現在では無償の保育所と小学校を運営し、カーペット織り、手編み、木工の職業訓練をおこなっている。

アナンヤ・バッタチャヤ　Anannya Bhattacharjee

アナンヤ・バッタチャヤはアジア最低賃金連合（AFWA）のインターナショナルコーディネーター。AFWAは衣料品生産国（バングラデシュ、インド、パキスタンを含む）と消費地域（アメリカ、ヨーロッパ）における労働組合・社会的同盟の国際的団体で2007年に設立、アジアの労働者が指揮を執り、貧困レベルの賃金、性差別、組合結成の自由などの課題に取り組んでいる。

「わたしが考える“公正な移行”はパワーにもとづきます。物事を変えるパワーを持つのは誰か、そのシステムのリーダーは誰か？　労働者が尊厳を持って扱われ、生活賃金を支払われ、原料とプロダクトデザインが環境保護を念頭に再考されたなら、地球と労働者の生活を破壊している安価なファストファッションは成り立たなくなるはず。ファッションブランドには、環境だけでなく人権をも守る“公正な移行”へと導くパワーがあります。過剰生産と過剰消費からの脱却が必要なのに、ファッションブランドはこのふたつの発展モデルを推進しています。

ファッションのビジネスモデルは、労働力の安い国々で生産し、高収入の国々で消費するというシステムから利益を得るもので、ブランドには途切れることなく莫大な利益がもたらされます。しかしこのモデルは貧しい国では過剰生産の、豊かな国では過剰消費の原因に。バランスを回復し、全世界が持続可能なやり方で消費するよう、消費力の再分配が必要です。だから、“公正な移行”には賃金の引きあげが必須なのです。みんなの購買力をあげ、必要なものを手に入れられるようにする。購買力や消費力を民主化することで、人権や生活費の水準は世界的に自然と向上、わたしたちが毎日のようにメディアで目にする格差の広がりは減少するでしょう。労働者には、自分が生産しているものを消費する力があってしかるべきです。生産・消費を世界中で再分配し、民主化するよう努めれば、生活および生活賃金の水準向上はおのずと達成されます。労働者もまた消費者であり、彼らの人権強化を考慮に入れたパラダイムが必要とされています。

“公正な移行”にかかる費用を支払うのは誰か？　これは気候資金（クライメート・ファイナンス）の仕組みと少し似ています。産業を再構築するなら、わたしたちも“公正な移行”の代償を払わなくては。なにも生産国で雇用が失われるのはやむをえないと言っているのではありません。何十年ものあいだ法外な利益を得てきたブランドが代価を払うべきなのです。利益のごく一部でも産業へ還元すればいい。下流産業を革新する費用を持つ。労働者たちがエシカルな生産技術を学ぶのを支援する。環境保護にかかる費用の見積もりを取って支払う。ブランドにより、サプライヤーとそのコミュニティがこうむった、水資源汚染などの環境破壊を終わらせ、改善する。産業界は、自分たちに責任がある分は、“公正な移行”にかかる費用を支払わなくては。この変革には大手ブランドの力が必要です。中小の企業よる技術革新では足りません。産業界の勇気あるリーダーが——少数のパイオニアであっても——旗振り役となれば、産業界レベルでの変革が進むでしょう。

“公正な移行”のための強力なツールとなりうる、拘束力のあるメカニズムは3つ。ひとつはサプライチェーンにおける“公正な移行”をブランドの母国で法制化すること。ふたつめは生産国もその動きに連動させること。ブランドは服の“買い手”で、生産国の法律に縛られないと考えられがちですが、それは違います。AFWAは、ブランドの役割をより正確に理解する、雇用者共同責任（joint employer liability）という新たな戦略を打ちだしました。ブランドは買い手ではありません——生産国のサプライヤー工場へ商品製造を委託しているのであり、ファッション・サプライチェーンにおいては共同雇用者。ですから、生産国の法律で裁くことができます。つまり、生産国とブランドの母国両方の国内法で、法的責任を問うことが可能なのです。3つめは“公正な移行”のための労働組合、ブランド、サプライヤー間の協定。コストシェアリング、多国間主義、そして健全な対話と“公正な移行”へ向けてこれらの原理を組み入れる、拘束力のあるメカニズムが必要です。多国間主義とは、ビジネスにおいて一方的な決定権はないこと。サプライヤー工場、現地政府、労働者など、その他のプレイヤーと共同でビジネスをおこなっているのだから。新型コロナウイルスの世界的流行はこの一例で、注文が未払いとなり、雇用者たちは何百万という労働者へ賃金を支払うことができなくなりました。

手工芸（クラフト）にも興味深い進展が見込めるでしょう—— 適切な評価を受け、従来の仲介業者ではなく、ビジネスの新たな共同モデルを通して職人たちの恩恵となるのであれば。これなら職人たちは正当な対価を得て、ブランドと長期的関係を直接築く機会を持てます。サプライチェーンはもっとシンプルかつダイレクトで、透明になる必要があるでしょう。結局のところ、リジェネラティブ・ファッション産業とは地球の安全を守る原則にもとづき、平等性、公正さ、正義を追及する産業のあり方です」。

サバハール
Sabahar

インタビュー：キャシー・マーシャル（創設者兼代表）
場所：エチオピア

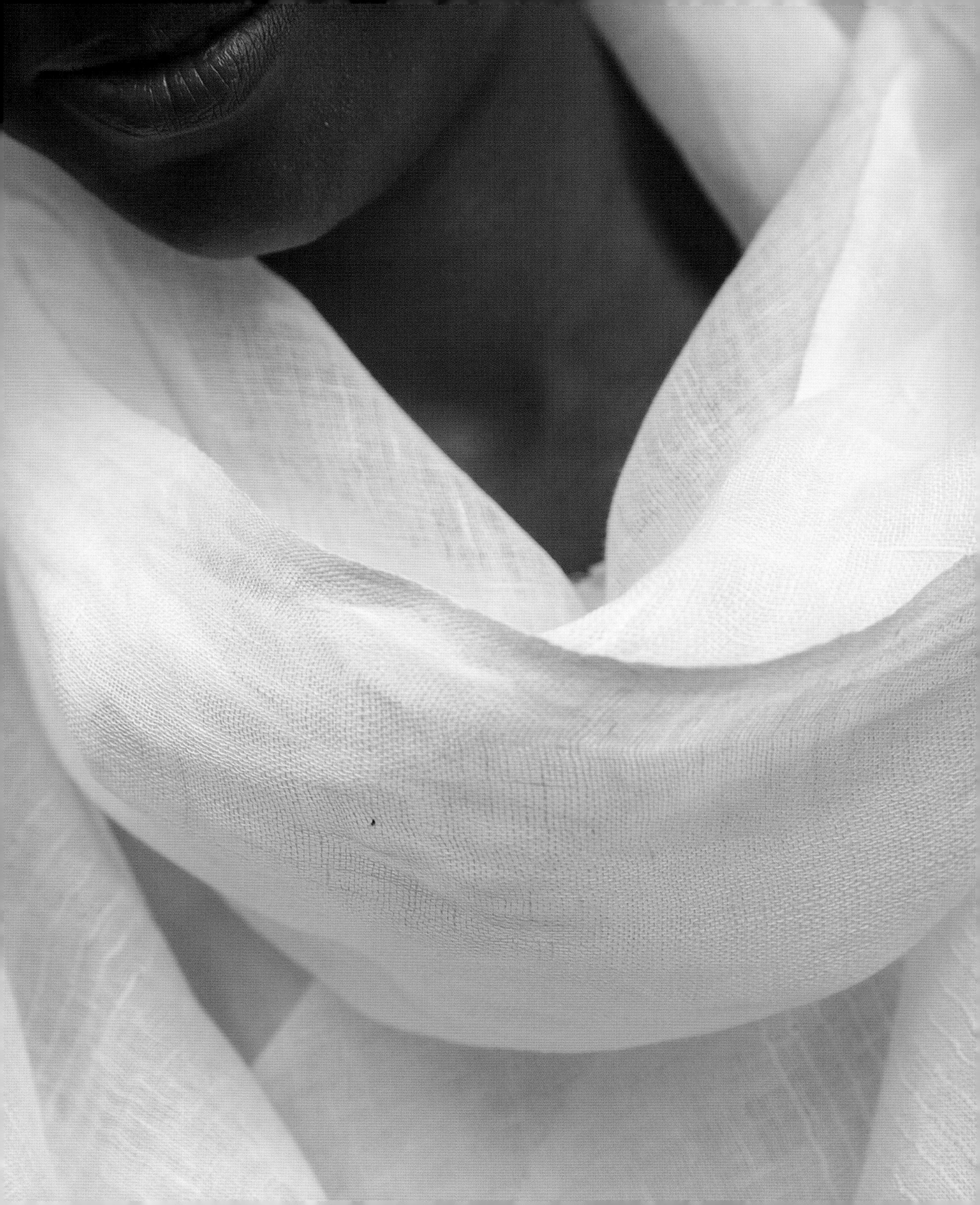

エチオピアに古くから伝わる織物にインスパイアされ、サバハールは地域産の天然繊維で100%ハンドメイドのアクセサリーやリネンを作っている。

サバハールを創設したきっかけは？

わたしはエチオピアへ移って27年になります。当初は非営利団体オックスファム・カナダに勤めていました。開発に関わりたいと思う一方、持続可能な地球を作りたいという気持ちも。ビジネス――労働集約型のビジネス――を始めるのが持続可能な雇用を生みだす最善策に思えました。わたしは糸紡ぎの経験があり、もともと大のテキスタイル好きです。エチオピアの伝統的な手織りは、高度な技術を要するとても美しい織物なのに、進歩のために必要な支援を受けていないのは明らかでした。手織り仕事の地位はとても低かったのです。すばらしい技術、すばらしい地域産素材がありながら、テクノロジーや素材の多様化――製品・デザイン・マーケティングの多様化にさえ――ほとんど注意が払われていません。

ここにあるものにそれと見合ったテクノロジー

を組み合わせ、職人たちの技術を訓練によりサポート、新たな素材や繊維を試して既存の製品と新製品の市場拡大をはかることがビジネスの狙いでした。取り扱うのは、ショール、ケープ、ホームテキスタイル。とても人気の高いベルギー産亜麻の手織りからスタートし、はじめのうちはどのような多様性が可能なのかもわかりませんでしたが、いまではわたしだけでなく、織り職人たちも明確に理解しています。地域のデザイナーとも仕事をしています。彼女の会社名はParadise Fashion。彼女が生みだすファッションにはわたしたちの布地がたくさん使われ、輸出もされています。

サバハールでの活動は社会にどのような影響を？

わたしたちが作ることのできる製品は幅広く、そのすべてが雇用を生みだします。エチオピアはとても貧しい国で、雇用はひどく不安定。職人に至っては雇用をあてにできないうえに地位が極めて低く、雇用の安定が第1の課題です。サバハールでは雇用が保障され、協力的な環境で安心して働けます。若い人たちも仕事を求めて都市部へ出ることなく、地元にとどまることができます。エチオピアでは最低賃金が定められておらず、サバハールでは独自の賃金体系を作り、世界フェアトレード連盟にも加入しています。

現在のエチオピアの職人人口は？

織り職人の数は不明です。これは職人セクターがおおむねないがしろにされているためです。70万人ほどだと耳にしましたが、それ以上だとも以下だとも言われています。もっとも、その数が急速に減少しているのはたしかでしょう。実は、サバハールがはた織り機、繊維、デザインへ取り入れてきた技術的変化や改変が、仕事に対する織り職人の考え方をどう変えたかを、調査している最中です。わたしたちがこれまでともに働いてきた織り職人たちは、自分の子供を織り職人にしたいかと尋ねられたら、ひとり残らずノーと答えるでしょう。織り職人の地位は低く、児童労働が蔓延しているからです――サバハールの織り職人の多くは10歳で働きだしています。この仕事は途中でやめる率も高い。ですから、よりよいテクノロジーを取り入れ、織り職人を社会的地位のある仕事にすることで、技術を保存できると考えています。

エチオピアでオーガニックコットンを栽培するうえでの障害とは？

サバハールのコットンはすべてエチオピア産ですが、この国には認証制度がありません。オーガニックコットンとして国際的に認められるのは大変な道のりで、これは政府にとっては二の次です。農薬と肥料を減らしたアフリカ産コットンを作ろうとする外資の小規模イニシアチブもありますが、生産量はまだまだ少なく、サプライチェーンに影響を与えるほどではありません。

サバハールでは綿繰り工場から紡ぐ前のコットンを購入し、女性たちから成る大規模ネットワークが伝統的なドロップスピンドルを使ってコットンを紡いでいます。機械紡ぎのエチオピア産コットンも地域の工場から購入しています。

家庭農園レベルで主にオーガニックコットンを生産している小規模農家も。エチオピアでは、お粗末な経営、効率性、市場連動の問題から、一般的に供給がうまくいっていません。これは将来性の大きなセクターで、需要は存在しています。このテキスタイル製造セクターは確実に成長して

います。

今年（2021年）はこのセクターの脆弱性があらわにもなりました。エチオピア北部で2度も3度もバッタが大量発生し、コットンの生産高が減少。加えて、季節外れの豪雨にも見舞われました。生産地域で洪水が発生、生産量は減少。北部では紛争が起き、コットンの市場への出荷が中断。政府は輸入へと目を向けています。要するに、国内の需要は大きいのに――国際的にも大きな需要が見込めます――どう見ても脆弱なセクターなのです。

ほかにはどんな繊維を？

サバハールはエリシルクのパイオニアです。これは“平和の”シルクとも呼ばれ、蚕が羽化したあとの繭を使います。普通は蚕が入ったまま繭を茹でますが、わたしたちは蚕が蛾になって繭から出てくるのを待ち、空になった繭を紡ぎます。エリシルクはインド北東のアッサムが原産、家庭で生産されます。シルクはサバハールでとても重宝されています。耐久性のあるすばらしい繊維です。

シルクには天然染料のみを使用――原料はコーヒー、お茶、ヘナ、ユーカリ、コチニール、アナトー（ベニノキの種子から抽出される、黄色の食用色素）それに花。たとえばコーヒーなら豊かなベージュ色のシルクに、マリーゴールドの花ならオレンジ色に。藍、ログウッド、アカシアも染料として輸入しています。

あなたにとってリジェネラティブ・ファッションとは？

テキスタイルや服を使い捨ての消耗品として扱うファストファッションの対極です。テキスタイルがどうやって作られるのか、天然繊維を作るのに――繊維の加工、生地作りに――どれだけの労力が注ぎこまれているのかを知れば、考えも変わるのではないでしょうか。ファッション産業で使われる天然繊維について学ぶこと、生産によって環境資源にかかる負担と重圧、ファッション作りに投入される人的資源を知ることで、服と、それが作られた場所、作った人々を尊重する気持ちがはぐくまれます。

服なんて1日、あるいは2度かそこら着たら捨ててもいい。そんな考えはとんでもない。若い人たちの教育と、環境と人々を酷使しておきながら報いを受けずにいる組織の取り締まりを強化しなくては。これは政策、政府そして大企業の問題です。バランスをはかることのできるシステムを見つけること、それがわたしにとってのリジェネラティブ・ファッション――バリューチェーンに関わる全パーツを配慮し、そこに携わるすべての人々に、バランス、平等性、公平さがあるべきだと声をあげることです。

136-41ページ：サバハールの製品はエリシルク、リネン、コットンなど、エシカルに調達された天然繊維のみを使用。それらを手織りしたのち、花やその他の天然成分で染色する。

グローバル・ママス

Global Mamas

インタビュー：アリス・グロー（クリエイティブ・ディレクター）と
エリザベス・アダムス（デザイナー／トレイナー）
場所：アメリカとガーナ

グローバル・ママスは服、宝飾品、アクセサリー、化粧品を作るフェアトレード会社。グローバル・ママスのコミュニティは世界中の数千もの人々から成り、アフリカの女性たちとその家族に豊かさをもたらすという使命で結ばれている。

グローバル・ママスがブランドにまで成長した経緯は？

数十年前まで、ガーナでは生地製造業とアパレル製造業が盛んでした。ところが中国が生産基盤を築くと、安価な輸入品に太刀打ちできなくなりました。1980年代、ガーナの生地工場やアパレル工場は閉鎖に追いこまれ、手に職のある大勢の女性たちが取り残されることに。

地域産業が衰退する中、グローバル・ママスは雇用を生みだすために誕生しました。アメリカの平和部隊ボランティアふたりと、ガーナの起業家6人が創設。女性たちが自分の夢を叶えて家族を支え、子供たちを学校へ通わせ、自身の健康を改善し、将来のために貯蓄するのを支えることを目標としました。当初はビジネスコンサルティングからスタートしましたが、必要なのは輸出市場へのアクセスだとすぐに明らかに。アメリカの共同創業者たちはこのアクセスに加えて、有益なビジネススキルを提供してくれ、ママスはリーダーシップとクリエイティビティ、そして職人たちの優れた才能を発揮して、個性豊かなアイテムを生みだしました。

はじめは子供向け・大人向けのドレスとシンプルなアクセサリーをアメリカへ輸出し、サマーフェスティバル、のちにはいくつかの店舗で販売。プロジェクトはゆっくりと成長し、ついには軌道に乗るまでに。2003年、グローバル・ママスは正式なビジネスとなり、その後すぐにフェアトレードの原則に従って製品を販売する、フェアトレードフェデレーションに加盟、近ごろ世界フェアトレード連盟の保証メンバーになりました。

全般的な事業は？

それぞれのアイテムは伝統的な技術を用いて手作りされ、それによりバティック、ビーズ作り、シアバター製品など、地域の職人技術を維持。現在グローバル・ママスは350人を超える女性たちと提携し、フェアトレードゾーンと呼ばれる施設を建築して、さらに200人を雇用する予定です。

いまは3箇所に生産拠点があり、固有の問題も存在するものの、取引先は零細企業（マイクロエンタープライズ）に絞っています。アパレルアイテムはケープ・コーストで作り、いまでは現地に70のビジネスパートナーがいます。全員が女性で、独立した事業主。バティックや縫製を委託しています。ここでは社内の生産・品質管理チームが注文を処理。クポンにある社内生産施設では、バティック職人、裁縫師、宝飾品の組立職人に加え、生産・品質管理チームが働いています。クロボでは提携しているビーズ職人がビーズをひとつひとつ手作り。外部の事業主に対しては、わたしたちのフェアトレード規定チェックリストですべての側面を年に1度調査しています。

アパレルにはどのような布を？

GOTS（オーガニック・テキスタイル世界基準）認証を受けている、インドの家族経営の工場からオーガニックコットンを取り寄せています。オーガニック生地を求めてガーナのサプライヤーを当たったのですが、GOTS認証を受けているところは皆無だったのです。バティックは伝統的な技法で少量ずつ布を染めます。

ウレタンフォームにデザインを刻み、溶かした蠟につけて生地に押し当てると、その部分だけ染まりません。右下のエリ・ドレスの場合は伝統的な刷毛を使って蠟引き。独特の風合いが生まれます。染料は自分たちで調合してたらいに入れ、蠟で模様を描いた布を浸します。色を重ねるため、この工程を何度か繰り返すことも。最後は熱湯に入れて蠟を取り除きます。生地をほんの数メートル作るのにも数時間がかりです。

畑を作り、ボタンや天然の留め具、それに天然染料に使える植物の栽培も計画中です。長期的な夢としては、天然繊維の採れる植物を育て、バナナや竹などから独自の生地を作りたいと考えています。

あなたにとってリジェネラティブ・ファッションとは？

体系的にものごとを考え、結びつきを大事にすること――関係作り、信頼、コミュニケーションが大いに必要です。植民地制度により壊滅的に損なわれた地域本来のあり方へ立ち戻ること。わたしたちの夢はガーナにリジェネラティブ農業を復活させ、農業で生活できるようにして、土壌の生産性と回復力を高めることです。

製造と製品開発にホリスティックな考え方を取り入れること。これはカーボンオフセットの問題ばかりではありません。建設中のフェアトレードゾーンは土を固めたブロックや竹材のパネルなど、地域のエコ素材で作られ、太陽光やバイオガスを含む再生可能エネルギーを使用する予定です。

プラスチックゴミ削減へ向け、ファスナーを使わないアイテムの製作も始めました。ライフサイクルの終わりには土へ戻る服作りを目指しています。

また、端切れをゴミにしないよう、ママスではトーゴ共和国の団体と提携し、再利用できる生理用布ナプキンを作り、地域の学校へ寄付。ゴミが利用できるものに生まれ変わり、しかも雇用を生みだすのを目にするのは、とても感動的です。

142-45ページ：プリント柄は絞り染め、バティック、乾燥させたシュロの葉を蠟に浸すテクスチャーパターン（143ページ、ケープ・コーストに住む職人、マリー・コムソンを参照）などさまざまな伝統技術を使って生みだされる。

ディリス・ウィリアムズ　Dilys Williams

ディリス・ウィリアムズはロンドン・カレッジ・オブ・ファッション、ロンドン芸術大学のファッションデザイン・フォー・サステナビリティ教授で、センター・フォー・サステナブルファッションのセンター長。

「“いま”という一瞬を一時停止させ、ファッション産業のありさまを静止画にすると、荒唐無稽な絵ができあがることでしょう。なのに、地球を破壊して人々を食いものにし、消費者資本主義を黙認するこのシステムは慣習となり、推進・下支えされています。ケア、文化、社交性、経済的取引を超えてわたしたちひとりひとりに何が貢献できるかという気持ちを育てることは、人類の進歩にとってとても重要です。バランスを取り直すには、経済成長を成功の尺度と見なすのを改める必要があるでしょう。経済における健全性とは何かを、個人レベルで、世界レベルで見直さなくては。自然にとっての成長の尺度は地球の生死に関わってきます。とはいえ経済成長の尺度は人が作ったもので、変えることができる。

ファッションを一新し、地球とそのすべての住人の繁栄を少数の利益に優先させようとするパイオニアはほんのわずかという事態が長年続きましたが、変化への大きな展望が開かれつつあります。小さな規模で起きている大きな変化も。多くのデザイナー起業家が気候正義（クライメート・ジャスティス）と社会正義をその仕事の中心に据え、その取り組みにより経済的な成功をおさめています。これはファッション企業の新たな先例を作りだしていますが、多くの大手企業はそのビジネスが真に目指すところをいまだ変えずじまい。目指すものをがらりと変えさせなくては――害悪な作業を許すライセンスを取りあげることなしには、正しいことを目指す人たちを公正に認識することはできないでしょう。

“ファッションデザイナー”という言葉の意味も一変しています。これまでより幅広い活動が含まれるように。展示デザイン、ワークショップ、リソース、およびスキルシェアリング、ネットワーククリエーション、権利擁護（アドボカシー）活動、服を着る人との共同デザイン、モノに頼らないファッション体験、ほかにも服作りの実用的技術、技術力、コラボレーション力などなど。ファッションは人と人を、人と場所を、人と地球を結びつけます――そしてこの結びつきはますます必要になっています。

英下院環境監査委員会が作成した2019年の提言書には、イギリス政府が自国のファッションセクターの変革を支援するうえで実行できることが明確にまとめられていました。あいにく、いまのところ、それらの提言は採用されていません。提言書では、ファッションの価値に関する、拘束力のある規制や基準がファッションセクターの変革をすみやかに促すとされています。

- まずは生産者責任の拡大
- リペアを付加価値税（消費税）の対象外とすることで多くの家庭の生活力を支援
- 2015年制定のイギリス現代奴隷法の強化
- 世界のファッションワーカーの労働組合結成を促進

労働組合の結成、市民集会、脱中央集権化を通して、さまざまなコミュニティから声をあげさせるには、多元的なアプローチが不可欠。それをスピードアップさせるには、なかなか変わろうとしない者でも認めるよう目に見えるアクションが——さらには、時代遅れの考え方にしがみつく者たちの締めつけにも負けずそのアクションを継続させる力が——求められるのは、歴史が示すとおりです。大学も“公正な移行”へ積極的に貢献するようみずから変わる必要があります。ここは大胆に出て、気候・社会正義を大学の使命の中心に据えるときでしょう。

わたしは、ファッションが自然の中でともに豊かに暮らす実例となるよう、熱い野心をもってセンター・フォー・サステナブルファッションを設立しました。過去15年でこの分野に起きた変化、それにわたしたちが携わってきたことには、大いに励まされています。けれども、それらの変化もファッションを根底から変えるにはほど遠い。目下の研究活動のひとつに、他国のパートナーとの合同教育プロジェクトがあり、チューターが変化を作りだす支援をしています。ストーリーを語るのに、技術を教えるのに、ファッションが目指すべきものを表明するのに、チューターは大事な役割を果たしますが、いかんせん彼らには余裕がありません——やることが多くて時間は常に逼迫、学ぶ余裕も、内省して自分を変える余裕も、自身の教え方やその内容を振り返る余裕もない。欧州の大学ネットワーク、FashionSeedsではこれらの活動をすべて一般公開しています。Fostering Sustainable PracticeおよびRe-Modelling Fashionというふたつのプロジェクトでは、デザインとデザインされるものの価値を広げ、大小のビジネスにおけるデザイナーの仕事、能力、役割を発展させるべく、デザイナーたちとともに働きつづけてもいます。わたしはファッション教育システムの基盤から、変化を導き、つなげ、支援し、教育、研究、知識交換プロジェクトを通して気候・社会正義を推し進めることのできる恵まれた立場にあり、センターの内外でともに働くすばらしい人々に触発されて、この立場にあるからこそできる仕事を成し遂げ、世界から与えられたものを返すという、自分自身の夢を叶えています」。

コンチネンタル・クロージング
Continental Clothing

インタビュー：マリウス・ショーツ（プロダクト・アンド・サステナビリティ部部長）
場所：イギリス

コンチネンタル・クロージングは1998年創設。革新的でサステナブルな製造という原則を旨にアースポジティブ（EarthPositive®）、コンチネンタル（Continental®）、サルベージ（Salvage®）、フェアシェア（Fair Share®）の4ブランドを展開している。コンチネンタル・クロージングは労働基準面でフェアウェア財団（150-53ページ）からリーダーステータスを授与されている。

炭素排出量と環境保護問題に関してはどのようなアクションを？

製品のサステナビリティはサプライチェーンの完全な追跡可能性（トレーサビリティ）からスタートします。原料までさかのぼり、全生産過程を通してカーボン・フットプリントを算出、排出量の多い箇所を特定し、削減対策を取る。生産過程で排出される危険な化学物質はいまも生態系に甚大な被害をもたらしています。インドにあるわたしたちの染色工場と印刷工場は、廃水の適合性確認、デトックス・トゥ・ゼロ（Detox to Zero）認証を得たところです。GOTSおよびエコテックス（OEKO-TEXR®）スタンダード100付属書6にもとづく認証を受けていたにもかかわらず、汚泥から重金属が検出され、ゼロ排出のために見直しをおこなうことになったのはよい経験でした。常にさらなる改善が必要だという実例です。

社会問題にはどのような取り組みを？

適切なサプライパートナーを探し、長期的関係を築くこと。これが昔から変わらぬわたしたちの調達方針です。これには数々のメリットがあります。理解の深まり、共通の目的、相互信頼、早めの計画策定、供給・開発・革新の安定化。難しい課題であれオープンに議論できる、対等なパートナーシップでなくてはなりません。

経営および労働者代表と対話を通して共通の目的を達成するには、目に見える形で変化が現れるまで時間がかかることが多く、長期的関係にあるほうが成果に至る可能性が高まります。ビルの防災、性差別、暴力、過剰な時間外労働など、どこであれその国特有の課題があるものです。しかしもっとも差し迫った難問は生活賃金の支給でしょう。利益を得るためのコスト削減はビジネスの常套手段であり、世界各地の貧困国で服を作る人たちが計り知れない苦しみを味わってきました。人並みの生活水準は基本的人権。多くの人はそう認め、変化の実現を求めることでしょう。ですがそれは本当の価格を受け入れ、過剰な利益を得ることを終わりにするという意味です。わたしたちがインドで実施しているフェアシェア（Fair Share®）・プログラムでは、Tシャツ1枚につき10ペンス（14セント）の割増金（プレミアム）を付与。これですべての労働者が生活賃金を得られます。

将来のゴールは？

産業界の現状に反旗をひるがえすことからスタートし、刺激的でやりがいのある旅路でした。まだ終わりは見えていません。短期的な計画はプラスチックの廃絶です。長期的な計画はもっとクリーンな地球で人々がより幸せに暮らせるよう、自分たちにできることをなんでもやりつづけることです。

148ページ：アースポジティブ（EarthPositive®）Tシャツは1枚につき従来のTシャツと比べてCO2排出量がおよそ7キロ（15と1/2ポンド）減少。トレーナーなら28キロ（61と3/4ポンド）減になる。

フェアウェア財団

Fair Wear Foundation

インタビュー：クリスチャン・スミス
（パートナーシップ・アンド・ステークホルダー・インボルブメント）
場所：オランダ

フェアウェア財団は1999年創設。複数の利害関係者（マルチステークホルダー）によるイニシアチブで、アパレルワーカーのために、組合結成の自由の権利、ジェンダー平等、生活賃金の実現を支援。衣料品生産、中でもサプライチェーンにおいて労働がもっと集中する、縫製、裁断、装飾の作業工程に焦点を当てている。140社を超える加盟ブランドと協力してより公正な服作りを模索し、工場、労働組合、NGO、政府に直接働きかけ、解決不能と見なされていた問題への答えを見いだしている。

加盟団体は？

すべてブランドです。いくつかは自身の生産拠点を所有しています。北ヨーロッパのブランドが多く、ファッション産業の大半を占める小中規模の企業が中心。わたしたちの目標は消費者への保証提供ではなく、ブランドとともに改善を続けること。バングラデシュ、ブルガリア、インド、インドネシア、北マケドニア、ミャンマー、ルーマニア、チュニジア、トルコ、ベトナムで活動し、人権デューデリジェンス〔訳注：人権を守るための企業の取り組み〕に必要なサービスを提供し、加盟団体を支援しています。労働者と利害関係者のために人権侵害救済手続き（grievance mechanism）も用意。加盟団体の労働状態を査定してウェブサイトで公開し、ブランドの努力を評価することで他社への刺激としています。

生活賃金の課題にはどのような取り組みを？

わたしたちの服を作っている人たちは生活できるだけの賃金を得ていません。ブランドに対するわたしたちのメッセージはシンプルです。“あなたたちの商品を作っている人たちへもっとお金を払いなさい。いますぐに”。オンラインで提供しているツール、賃金階段表（Wage Ladder）では、工場の賃金をさまざまな基準と比較することができます。わたしたちの利害関係者（ステークホルダー）ネットワークから得た情報をデータビジュアライゼーション技術と組み合わせることで、膨大なスプレッドシートをシンプルなグラフィックに置換。ブランド、サプライヤー、そして労働者代表は生活賃金見積もりとの比較から効率的に改善を交渉し、正規のステップで賃金の“階段をあがる”ことができます。

プラネタリー・バウンダリー内で操業し、生産削減により雇用の喪失に至った場合、“公正な移行”を実現する方法は？

推進役として社会的対話の重要性は軽視できません。多くの企業はパリ協定（2015年）に則って戦略を立てていますが、これは環境対策が中心であるため、“公正な移行”に関する方針が抜けています。環境改善も社会的正義なしでは大きな前進が望めません。労働組合と労働者代表は、政府やハイレベル・ステークホルダーとともに意思決定プロセスの中心にいるべきです。

あなたが望む産業のあり方は？

衣料品およびフットウェア産業が労働者を支援し、安全で尊厳があり、一定の賃金を得られる仕事を実現させる世界が見たいです。そのために、“わたしたちの求める産業界（The Industry We Want: TIWW）”という名称の共同プラットフォームを創設しました。TIWWは労働者の権利、生活賃金、ジェンダー平等、組合結成の自由に関する進展をモニターし、定期的に産業界をチェック。さらにはみんなが集まることで効果的なソリューションの拡大をはかります。TIWWとその他のイニシアチブの違いは、社会および環境問題とともに商慣習を扱っていること。ブランドとサプライヤー間の商慣習の性質を変えることなしに、意義ある進歩はありません。体系的な変化が必要であり、より多くの経済主体（イニシアチブのメンバーだけでなく）がおのおの責任を果たさなくては。活動家、市民、政府からの圧力が産業界を正しい方向へ向かわせています。転換点のその先がわたしたちの目指すところです。

今後の計画は？

5年間の戦略的パートナーシップ、“持続可能なテキスタイルイニシアチブ：ともに変化を（Sustainable Textile Initiative: Together for Change: STITCH）”を設立——これはオランダ外務省の後援で、イギリスのエシカル・トレード・イニシアチブ、ベトナムの開発・統合センター（Centre for Development and Integration）、インドの労働団体Cividep、そしてオランダのふたつの労働組合、CNV InternationaalとMondiaal FNVとともに活動しています。わたしたちが求めるのは、世界規模の産業が労働の世界で人権を尊重し、平等かつ公正な社会に貢献すること。そのために加盟団体を指導し、わたしたちが得た教訓をより広い世界と共有して、フェアウェア財団の核となる仕事を継続していきます。

あなたにとってリジェネラティブ・ファッションとは？

農業をヒントにするなら、リジェネラティブ・ファッションは生産方法を改善することで気候変動の逆転にひと役買うことができるでしょう——具体的には天然生地においてです。それによりファッションは生態系とより結びつき、コミュニティの労働者たちは議論の席に着いて価値ある地域の知識を共有、みずからの労働に対してよりよい条件を求め、自分たちの状況をチェックしフィードバックを提供することができるでしょう。わたしたちの役割は、サステナビリティにまつわる対話に労働者の声を含めるようにすることです。

人種問題については？

サステナビリティの主な主導者は白人で、彼らはもっとも気候変動危機の影響を受けているわけでも、もっとも経済的な影響を受けているわけでもありません。気候変動と貧困レベルの賃金では黒色・褐色人種ばかりが影響にさらされています。サステナビリティを実現するための介入ではその資金の多くが白人国家から出されているため、力関係により、現在進行形で影響を受けている者たちは表に出てくることがなく、財布の紐を握る人々へ報告することもできない。彼らに声をあげさせるには、経済的な安全保障が必要となります。生活保護もないまま資金援助や失職の心配をするわけにいかないのです。報復を恐れることなく、世界規模の枠組みに参加する自由を手にする手段として、ここでも生活賃金が重要になります。ファッションの脱植民地化もほかの文化が産業へもたらした価値を理解する鍵となるでしょう。ファッションは進化します。借用し、まざり合い、新たなものを生みだす。わたしたちはそのプロセスをきちんと受け入れ、ファッションの進む先を信じなくてはなりません。

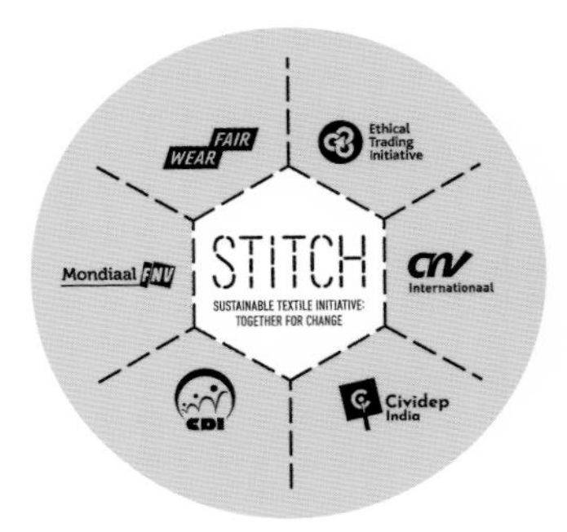

右：STITCHは“衣料品産業に新たな常識（ニューノーマル）を作りだす”目的でフェアウェア財団が主導している活動のひとつ——目指すはサプライチェーン全体の労働環境改善だ。

NEW ECONOMY & LEADERSHIP

ニューエコノミーと リーダーシップ

すべてのものは、原因と条件が合わさって
現れたり消え去ったりする。
完全に孤立して存在するものはなく、
いっさいがっさい互いの関わり合いにある。

ブッダ

本書は3章に分かれていますが、それは構成上の理由です。実際は、自然と人というテーマはとても複雑で相互に結びついている。どの要素もその重要性をほかから切り離すことはできず、単独で変化することもありません。この“相互の結びつき”は、リーダーシップとニューエコノミーの中心に求められるものです。再生型(リジェネラティブ)で機能するには、組織は常に変化しつづける生きたシステムの一部として反応できるやり方を採用しなければなりません——つまりは実際の世界の仕組みにもとづいたやり方です。

ここではっきりさせておきましょう。エココンシャスなファッションコレクションひとつでは人類を救えません。旅のスタートを切るのはいまいる場所からとなりますが、時間切れが迫っている厳しい現実を直視しなくては。いまこの時まで時間を巻き戻して違う道を選べたらと、将来悔やむ事態にだってなるかもしれない！　段階的な変化や1度にひとつずつやることで時間を無駄にはできません。システム全体の複雑さをしっかり受けとめ、全体を見据えて対処しなくては。対策が遅れれば、地球の生命維持システムを修復するチャンスがそれだけ減ります。扉が閉ざされて、地球温暖化により何十億もの人々が苦しみ、生態系と人の暮らしが地球上から消える前に、いますぐ行動に出る必要があります。

人の活動は地球へ気候悪化と、生態学的・社会的危機をもたらしました。温室効果ガスの排出は、世界の気温を産業革命前のレベルより1度（華氏1.8度）以上引きあげることに。上昇を1.5度（華氏2.7度）に抑えることで——これには2030年までに排出量を半減、2050年までにネットゼロを達成しなければなりません——最悪の事態はおおむね回避できるものの、IPCC（気候変動に関する政府間パネル）は、現在の対策では今世紀末には最低でも2.7度（華氏4.9度）に到達すると予測。1.5度への道からあまりにほど遠いのは、本当のリーダーシップと意義ある行動が欠けているからでしょう。だからこそ企業と市民が先に立ち、変革に不可欠な法規制を求める必要があるのです。この非常事態への取り組みに求められているのが、システムチェンジ・アプローチ。これはすべての決定がシステム全体に与える影響をできる限り先の先まで考えることです。資本主義という概念は破綻している。そう認めるところが出発点。無限の成長を促進する一方、それを支える天然資源は有限という事実には目をつぶっているのですから。

経済学者ケイト・ラワースの著書『ドーナツ経済』（黒輪篤嗣訳、河出文庫、

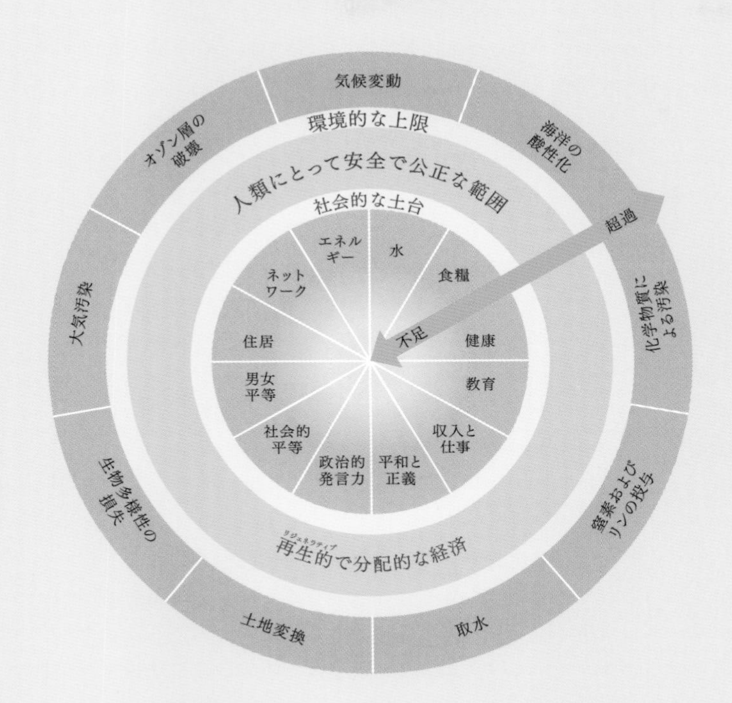

左：ケイト・ラワース、クリスチャン・ガシアーの"社会と地球の境界のドーナツ"より。この図は既存のシステムの不平等さを明確化。プラネタリー・バウンダリーのうち6つはすでに超過し、世界の多くが社会面の12の分野すべてにおいて大幅に不足している。

2021年）は地球を枯渇させることなくわたしたちのニーズに応える新たなビジョンを提示しています（上）。彼女の経済モデルはふたつの同心円で適切な範囲を明示。外側の円は9つのプラネタリー・バウンダリー（9ページ参照）から成る環境的な上限。内側は社会面で人間の基本的ニーズを示す12の分野です。政府、企業、市民社会が目指すべきはふたつの円の中間部分、つまりはドーナツそのもの。NPO法人ドーナツ・エコノミクス・アクション・ラボはこれを、全人類が生きるために目指すべき"安全で公正な"範囲としています。あらゆる経済システムの目的は、わたしたちがその範囲内に入り、そこへとどまるのを助けることでなければなりません。

そのためには富の格差を減らすこと。資源を浪費するのではなく、保全・再生するよう市場、税制、公共投資をデザインすること。そして個人も組織も等しく、資源の公平な分け前を超えて消費するのをやめ、尊厳・健康・自立をみんなに提供することが求められます。

これはGDP（国内総生産）を唯一の成功指標とするのをやめることでもあります。たとえば、あなた個人で買えるものがカーボンバジェット換算で年間2トンまでと決められたら、金銭的な富にはあまり意味がなくなります。代わりにウェルビーイングが成功指標となり、国民の幸福度、満足度、健康度ではかられるようになるでしょう。このシナリオでは、利益とリスクがすべての利害関係者（ステークホルダー）によって共有される、再分配ビジネスモデル——真に使命実現型（ミッションドリブン）な組織、協同組合、社会的企業など——が例外ではなく標準に。Win-Win（ウィンウィン）な状態を探すだけでなく、あらゆるソリューションが人々、コミュニティ、地球のためになる、Win-Winな状態しか受け入れないことを指します。

自然に配慮して衣料品の価格を設定する

何より調査と法整備が必要な分野は、衣料品の価格設定に自然に対する新のコストをきちんと反映させることではないでしょうか。おそらくもっともよく知られている政策手法がカーボンプライシング。先見性のある企業は時代の先を行こうと会計実務の変更に取りかかっています。世界で850を超える企業が環境非営利団体CDP（前カーボン・ディスクロージャー・プロジェクト）に、2020年の戦略に企業内で独自につけた炭素価格（インターナル・カーボンプライス）を導入したことを開示——2014年の150社から大幅アップです。

生物多様性の危機も気候変動危機と同じくらい深刻です。2021年2月、イギリス政府は経済学者サー・パーサ・ダスグプタ率いるチームがまとめた『生物多様性の経済学』の最終報告を発表。『ダスグプタ・レビュー』と呼ばれるこの報告書では、経済的な枠組み内で生態系をとらえることで、この危機に取り組む方法が示されています。生物多様性の喪失は資産管理の問題であり、“生物圏の財とサービスに対するわれわれの需要と、生物圏の持続可能な供給力が一致していない”状態。よって持続可能な発展には、資産としての自然が含まれる、幅広い富の尺度を持つ会計システムが必要というわけです。レビューに引用されている研究によると、自然資本の会計価値を一般的な資本財として換算した場合、ひとり当たりの自然資本の価値は1992年から2014年のあいだに40%近く減少[1]。現行システムは自然を守るというより搾取するために資金を出しているようなもので、政府の補助金は環境保護のための資金を大幅にうわまわっています。適正な資産管理に見返りを与えるシステムを作らなければ、将来何ひとつ生産できなくなるかもしれません。

ファッション業界のリーダーたちは、自然再生コストとその恩恵をどう会計処理するかに取り組む必要があるでしょう。しかもコストは従来のやり方ではなく、未来の生態系崩壊に関わる費用との比較で算出されなくてはいけません。エネルギー効率投資においてしばしば用いられる“ペイバック”方式は調査するだけの価値があるはず。これは投資資金回収期間を組みこむもので――たとえば、ソーラーパネル設置にかかる費用を、光熱費の削減によって回収されるまでの期間と比較します。複雑で課題の多い分野ですが、先手を打って会計プロセスを移行する企業は、いよいよ法規制実施となったとき、有利な立場に。

さらなる変革は消費者の意識の変化から生まれるでしょう。大手コンサルティング会社マッキンゼー・アンド・カンパニーによると、Z世代（1990年代半ば以降生まれ）の消費者10人中9人は、企業には社会的課題や環境問題に取り組む義務があると考えています。現在、Z世代は世界の消費者のおよそ40%を占めますが、同報告書では“全”消費者の3分の2が“問題への姿勢しだいで”ブランドの不買運動をする気があるとも[2]。気候変動に関心を持ち、この問題に取り組むために自身の生活を変えようとする人は80%にものぼるとする世論調査もあります。

現実には、実行へ移す動きは鈍いものの、状況は急速に変わっています。消費者は、企業が未来を守ろうとしないのに憤り、安価な衣料品を支える犠牲区域（サクリファイスゾーン）（205ページ参照）の存在を問題視。実態のともなわないエコ製品（グリーンウォッシュ）では？と慎重になり、本当にグリーンである証拠を求めるようになっています。

リジェネラティブ・リーダーシップ

経済のパラメーターが変われば、“成功をおさめているリーダー”が意味するものも変わります。リジェネラティブ・リーダーは謙虚で協力的、そして全体的（ホリスティック）なやり方にオープンでなくてはなりません。移行に必要な答えがすべてあるわけではない未知の領域にいるのを受け入れる必要も。理屈の上では知識が浅いはずの若い人たちのほうが、破綻している既存システムにどっぷり浸かった企業界・経済界・政界のベテランリーダーたちよりも、状況の緊急性、求められている妥協のない変化をはるかに深く理解していることがしばしば。また、若手労働者がいま求めているのは、自身と同じ価値観を持ち、経営目標重視型（パーパスドリブン）の仕事と、健全な経済に即したビジネススキルを与えてくれる経営者なのです。

直接的な影響をもっとも受ける人たちから隔たり離れ、閉ざされたドアの奥で意思決定（デシジョンメイキング）が成されることはもはやないのを、リーダーたちは受け入れなくてはなりません。それには企業の取締役会を多様化し、より幅広いステークホルダーを含めることです。さまざまな生きた経験を持つ女性や有色人がいれば、根深い格差、性差別、人種差別にまつわる議論や行動が増すことに。リジェネラティブ・アプローチには、役員レベルでより幅広いジャンルの専門知識も必要となります――農業、天然資源、エネルギー、サステナビリティ、社会的影響、コミュニケーション、データ管理、複数の利害関係者（マルチステークホルダー）の深い関わり合いや関係性。これにより企業はより掘りさげた議論をおこない、早期にリスクを予期、高くつく失敗を回避し、自身の分野の成功事例となる新たなスタンダードを築くことができるでしょう。

ピープルツリーでは2年に1度社会的影響評価（ソーシャル・レビュー）レポートミーティングが開かれ、わたしは地球の声とニーズを忘れないよう、その席に地球儀を模したクッション（アースボール）を置くようにしていました。こんにち、進歩的な会社の役員会には関心の高い消費者、若手の気候変動活動家、サプライヤーが招かれ、気候変動対策と社会的正義という新たなレンズを通して、ビジネスストラテジーへ情熱と視点、エネルギーをもたらしています。デシジョンメイキングの席にそれらの声と多様性がなかったら、従来型資本主義モデルの偏狭な短期収益主義によって形成された、学習行動へ逆戻りしてしまう恐れがあるでしょう。

サプライヤーと労働者に資金を活用させることで、組織は新たな共有形態と利益分配型のビジネスモデルを築くことができます。リーダーシップとサプライヤー向け能力強化（キャパシティビルディング）トレーニングを共同で作れば、企業は環境のための技術革新と社会的影響力とともに、コンセンサスを形成することに。最大規模組織においても実行可能なことは、2019年まで一般消費財メーカー、ユニリーバのCEOを務めたポール・ポルマンが証明済み。彼はポッドキャスト番組、Purpose 360で、バリューチェーンにいる人々（その時点で9万を超えるサプライヤー）とともに働くことでユニリーバが達成できるポジティブな変化の増進を目指したと語っています。「全仕入れのおよそ75%を占めるトップ1000を選びだし……トレーニングと能力開発を導入。その後これらのサプライヤーに尋ねました。“わたしたちはこれだけコミットし、高い基準を設けています。あなた方も自分たちの組織で同様にやってみてはいかがでしょう？　わたしたちのより強力なパートナーとなるために”」。

誠実さと透明性をもって行動し、信念と情熱を燃料とするリーダーには影響力があります。現在と未来の世代に対して道義的責任を感じる人たちは、変化を達成し、新たな企業文化を作りだすパワーが誰よりも強い。アメリカで同名のファッションブランドを展開するアイリーン・フィッシャーはその一例。同社の社会意識戦略アドバイザー、エミー・ホールは、アイリーンが行動宣言したときのことをこう振り返ります。「彼女は、サステナビリティはビジネスになくてはならないものだと気がつくと……かつてないやり方で会社全体を動員したのです。これが、全員がソリューションの一部であるのを認識し、各部署でそれぞれ問題解決をはかっていたのを、会社全体で総合的に取り組むやり方に転換した瞬間でした（195ページ参照）」。

反対に、リーダーたちが口ではサステナビリティと言いながら化石燃料で走る車を買い、飛行機でミーティングへ飛んでいたら、矛盾だらけで信用は失われ、変化はほど遠いままに。リーダーたちは、サプライチェーン内における影響力の大きな移行からもっと些細な点まで、組織のあらゆる部分、それにすべての支出と収益を、企業精神およびよりサステナブルな未来へ向けた努力と一致させるようにしなくてはなりません。たとえば、不必要なフライトの削減、やむをえない場合にはエコノミークラスの利用。飛行機の代わりに電車で移動できるよう、従業員の休暇延長。再生可能エネルギーを使用するビルへの移転。主に植物ベースの製品（あるいは植物由来の食材）作り。気候変動が年金運用へもたらす影響に対策を取っている年金基金への切り替え。企業年金はリジェネラティブな未来への早道になりうるのに見落とされがちです。再生可能エネルギーを嬉々として自社ビルへ導入する企業が、年金は化石燃料や工場式畜産へ投資しつづけるのを何度目にしたことでしょう（2020年、世界の資産で年金運用資金は35兆米ドル超）。

企業アクティビズム

企業アクティビズムはもはや敬遠されるものではありません――いまや奨励されるもの。組織がネットゼロと移行プランを実行すればするほど、“科学的根拠にもとづいた排出削減目標（SBT）”、透明性、生活賃金、組合結成の自由、規格化とコモンランゲージを推奨すればするほど、政府が本物のリーダーシップを示すのも早くなります。

パタゴニアの企業理念ディレクター、ヴィンセント・スタンリーは、パタゴニアは従来の経済モデルとはしばしば相容れない自然のシステムを守るために創設されたと語ります。「経済は金融資本によって動かされ、ハイリターンを得ることのほかはすべて二の次とされてきました。わたしたちはローカル・エコノミーという感覚を取り戻さなくてはなりません。およそ10年前、わたしたちは活動家（アクティビスト）を支援する会社でした。それがある時点でアクティビスト・カンパニーに。それにより状況の切迫感を自分たちのものとして感じるようになったのです」。

2011年パタゴニアは、“このジャケットを買わないで（Don’t Buy This Jacket）”と自社製品の購買を控えるよう広告で求めました。その後、収益は大幅アップ。ブランドの誠実さが新たな顧客を惹きつけたのです。パタゴニアが目指すのは浪費的な消費主義に対する注意喚起と、長持ちするようデザインされた高品質の代替品を提供すること。利益は自社の中古衣料品システムに投資される（209ページ参照）。また、2007年のラジェンドラ・S・シソディア博士の研究によると、10年間でミッションに導かれた企業は9対1の比率で市場において優れた業績をあげています[3]。いまや投資家も具体的なESG（環境、社会、ガバナンス）ゴールに加え、それらの実行に実績と信念を持つリーダーシップチームを探しています。

金融機関もこのシフトに役割があります。それを反映したのが2020年に設立されたFinancing a Just Transition Alliance。公正な移行への融資を目的とするこの連合は、グランサム気候変動・環境研究所が取りまとめ、環境融資で知られるトリオドス銀行を含む40以上の団体が支援。トリオドス銀行のCEOベヴィス・ワッツは、「ESGでは世界は救われません。最低限でしかないのですから。わたしたちはネットゼロ目標と移行プランの義務化へ進まなければなりません。銀行は専門知識を提供し、環境フットプリントの低い企業には金利をさげるなど、変化を奨励する商品を作ることで、あらゆるセクターにおける移行を支援することができます」[4]。

循環型経済（サーキュラー・エコノミー）ビジネスモデル

服を循環させつづけるのが、もっとも大きな影響力を生みだす循環型経済イニシアチブ。ブランドにはこのエコシステムの実現が求められています。高品質で長く着られる服を作り、修理サービスと中古品販売を手がけるパタゴニアの例は、“採って—作って—捨てる”システムや消費刺激に依存するビジネスモデルから離れようとする大きな流れの一環。ひとつの製品から企業が複数回にわたって利益を得ることのできる、付加価値を持つ循環型経済が形を成しつつあります。

これらの新しいモデルでは、製品の購入はユーザーとメーカーのあいだで結ばれる契約。ユーザーはひとつの服を最大限活用します。何度も着用し、手入れをして修理、最後はもっと使ってもらえるよう次へと引き渡す。メーカーはサステナビリティにできるだけ配慮して作られた最高品質の製品を提供、服の寿命が来たときはその処分の責任を負います。

貧困をなくすために活動する世界的な非営利団体オックスファムによると、イギリスでは毎週1,300万アイテムの服がゴミ処理場送りに。その中から選びだし、古着として販売されたもののうち、買い手がつくのは30%未満。残りはケニアやガーナなど途上国の二次流通（リセール）市場へ輸送されるものの、それが現地で大きな負担となっています。ほとんどの服は品質や状態があまりに悪くて売ることもできず、埋めるか燃やすかに（170-173ページ参照）。これは理想的にはわたしたちが服を買う店舗やスーパーマーケットなど、そもそもの販売場所でどうにかすべき問題なのは明白です。新品とともにレンタルや中古品といった選択肢も利用できるようにし、誰もがサステナビリティに貢献できるよう、修理サービスも提供すべきです。

こういったアプローチはまだまだ揺籃期にあります。アメリカの古着リセールサイト、スレッドアップ（thredUP）が2021年に発表した報告書、Resale Reportでは、2030年までに市場の18%をリセール品が占めると予測。ですがそれより早く成長し、もっと大きな割合を占める必要があります。そんな劇的な飛躍には、現場でのサポートと並行して、新品を見つけるぐらい簡単に中古品を探して買うことのできるテクノロジーが必須。アプリやウェブサイトで、同じサイズ、体型、服の趣味の人たちや、同じ年齢の子供たちのコミュニティが服をシェアできるようにし、配送・返金オプションをつけるなんていいかもしれない。それに採寸・修理・お直しを手伝う技術的ソリューションや地域コミュニティグループがあれば、服はより長く着用・循環されるはず。

イギリスを拠点とするサステナブル・ブティック、サンチョス（Sancho's）は、先頃、循環型リセール・プラットフォーム、オーニ（Owni）と提携。顧客が商品をリセールすると、オーニは代金の一部をブランドへ還元、ブランド側は商品の写真と説明文を提供して偽物でないことを保証、顧客へ商品情報とシステムへの安心感を与えます。つまりは中古市場からブランドが商品の著作権使用料を受け取る仕組みです。オーニの前身、シュワップの創設者、カルキダン・レゲスはその目的を「事業維持のために製品をどんどん作らなければならない、線形モデルビジネスの縛りから、ブランドを開放することです。オーニはブランドが環境的・経営的に持続可能であるよう、商品のライフスパンを管理・収益化する方法です」と語っています。

リスキンド（Reskinned）もテクノロジーで中古市場を使いやすくしている会社です――顧客は新商品が並ぶブランドのウェブページから不要になった服をリスキンドへ送ることができ、古着と引き替えにショッピングで使えるクーポン券をもらえます。ブランド側は商品の耐久性に関する評価を得て、バイヤーと交流する機会も（202-3ページ参照）。

リセール・システム推進のために、政府が取ることのできるイニシアチブはさまざまです。生産者責任を商品の使用済み段階にまで拡大する、仕分け・リサイクル・ラベリング施設への投資、助成金の給付対象を循環型ビジネスモデルの企業のみにする、などなど。農業セクターでリジェネラティブ農業や生物多様性の促進に助成金が使われるように、"脱成長"システムへの移行をはかる会社には、助成金や優遇税制措置でその道のりに弾みをつけさせればいいのです。

ローカライゼーション

リジェネラティブ・ファッションの世界で台頭しつつあるもうひとつの重要な

テクノロジーを通した透明性

ブランドが透明性を維持し、サステナビリティを証明する。循環型経済を実現するうえではどちらも必須で、これらを支える新たなテクノロジーがどんどん登場しています。たとえばフットウェアのサステナブル・カンパニー、オールバーズ（Allbirds）は、ライフサイクル・アセスメント・ツールをマニュアルつきで無償公開、ほかのブランドが歩みを加速させるよう支援しています。

ブロックチェーンなどの記録管理技術は、製品のライフサイクルを追跡可能にし、誰でもアクセス可能なデジタル元帳を作成。2018年にはProvenanceというアプリを使い、ブロックチェーン経由で1枚のセーターを追跡する初の試みがおこなわれました。これによりブランド側は商品の購入者と社会的・環境的影響について意見を交わし、クレームをサプライチェーンのデータや第三者検証と照らし合わせることが可能に。ファッションブランド、ガニー（GANNI）の創設者、ニコライ・レフストラップは「ファッション・サプライチェーンは非常に複雑なので、解きほぐしてやる必要があります。Provenanceとの提携は……テクノロジー主導型で透明性のあるわたしたちのビジネスアプローチにマッチしています」。

セリナ・ピーリスは30年前からスリランカでフェアトレードの手織り布を販売する社会的企業、セリン・テキスタイル（Selyn Textiles）を経営。主な働き手は中東へ出稼ぎに行かされる恐れのある女性たちです。サプライチェーンにブロックチェーン技術を組みこむことで、かつてない透明性が生まれたうえに、製品価値が高まりました。

トラストレイス（TrusTrace）はトレーサビリティを求める大手ファッションブランドのニーズに応えるテクノロジー企業。クラウドベースのソリューションでサプライチェーンのデータを集積し、品質および社会的・環境的影響を追跡しやすくしています。およそ35のブランドと6,000のサプライヤーがこのツールを導入。共同創業者サラヴァナン・パリサザムはこう説明しています。「顧客は変わりたくても情報が足りていません。企業にも変わる意志はあるのです。欠けているのは異なるプレイヤー間のコミュニケーションで、本来ならそれによって製品生産工程が示され、誤ったやり方がなくなります。ですが、ブランドはコミュニケーションに意欲を示しています。これは正しい方向への一歩です」。

モデルが、ローカライゼーションへ向けたシフト。近年、すばらしいイニシアチブが数多く誕生し、ビジネスを通して地域の文化的・経済的健全さを長期的にはぐくんでいる。

ファッション・エンター（Fashion Enter）は幅広いサービスを提供する社会的企業で、ロンドンとウェールズでは300着までの少量生産をおこなう小規模工場（マイクロファクトリー）を運営。CEOのジェニー・ホロウェイは、最先端技術を取り入れたサプライヤーとパートナーのネットワークが成功の鍵、と語る。「競争力を得ることができたのは、コーニット（Kornit：テキスタイル用デジタルプリンター）とズンド（Zund：デジタル裁断機）の最先端技術のおかげです。これらの新技術により、マイクロファクトリーがリテーラーの顧客から直接注文を受け、オンデマンドで生産可能に。受注後はプリント、裁断、製作と、2日以内にできあがります——これでゴミゼロです」。ファッション・エンターは地域雇用を創出し、数々の実習制度も実施、新たな世代へ産業の技術を提供している。作業機械のオペレーターは生活賃金に加え、業績に応じてボーナスが支給される。「時給19ポンドを何度も達成しているオペレーターもいます——彼が稼いでくれるのは喜ばしいことです。生産性がうなぎのぼりになるのですから！」

コミュニティ・クロージング（Community Clothing）も、優良ビジネスを地域コミュニティのリジェネラティブな利益と結びつける社会的企業のひとつです。もっとも高い倫理基準（エシカル・スタンダード）を満たす28の提携工場が、手ごろな価格で良質の服を生産。それらの工場があるのはイギリスでは昔からのテキスタイル生産地です。その中のひとつがブラックバーンの貧困地域。創設者パトリック・グラントは、地域コミュニティに亜麻の栽培・収穫・加工へ参加するよう呼びかけているという。「ハリスツイードのような経済的に持続可能なモデルを亜麻で作れるのではと期待しています。目指すは着て美しく、しかも長く着られるテキスタイル作りです」。

製品寿命の長さはリジェネラティブなビジネスシステムの心臓部とも言えます——このシステムは、製品寿命の長さに価値を置くだけでなく、経済的・環境的に持続可能で、コミュニティに恒久的な価値を提供するビジネスが原動力。これに成功している人たちは、世界中のリーダーにとって新たな基準となり、いますぐ根本的な変革が必要で、その変革は可能なことを証明しています。

プラネタリー・バウンダリー内で活動すべく、さまざまな手段でファッション産業を改造し、すべての人のニーズに応える新たなウェルビーイング経済の実現を目指すあいだ、本書を読まれたみなさんは不安に駆られることもあると思います。わたしのように低炭素型のライフスタイルに変えたものの、なかなかうまくいかず、本当にこれでいいのかと自分の暮らし方に迷いが出ることも。ファッション産業で働いているわたしたちは、大胆なアクションとサステナブルな習慣のモデリングなしでは、“公正な移行”と現在と未来の世代が生き残るチャンスを遅らせてしまうという事実をしっかり認めなくてはいけません。

2021年のCOP26ではファッション業界気候行動憲章に、ファッション・コミュニケーション〔訳注：ブランドが服を通して消費者へ発信するメッセージ〕は気候科学に即して新たな成功のロールモデルとなり、個人が持続可能な暮らし方を理解し、気温上昇を1.5度（華氏2.7度）に抑えるための環境的・文化的・社会的価値観の受け入れを助けるとする、義務が加えられました。いまこそファッション産業はサステナビリティを商品のウリにするところからさらに先へ進み、ビジネスモデルを再設計して、より少ないモノ――より少ないフットウェア、服、アクセサリー――とともに暮らす満足感をみんなに広めなくては。それはより満ち足りた暮らしを意味し――共感（エンパシー）が増え、より健康になり、ウェルビーイングは高まり、より強い継続感を与えてくれる――何より、不安のない未来を意味するのです。

注釈

1：Shunsuke Managi、Pushpam Kumar（編集）、『Inclusive Wealth Report 2018: Measuring Progress Towards Sustainability』（2018年ロンドン、ラトレッジ社刊）に掲載されている予測にもとづく。

2：McKinsey & Company『State of Fashion』（2019年）

3：“Doing Business in the Age of Conscious Capitalism”（『Journal of Indian Business Research』vol 1, nos.2/3, 2009年より）

4：Financing a Just Transition Allianceによる2021年報告書発表のスピーチ。

OR財団
The OR Foundation

インタビュー：リズ・リケッツ（創設者）
場所：アメリカ、ガーナ

OR（“オア”と発音）財団は環境正義、教育、ファッション開発の交差地点で活動する慈善団体。人権、環境濫用、教育プログラム、制度的擁護などの課題に直接取り組み、政策や投資の舵取りをする。

OR財団を創設した理由は？

わたしは2005年から2010年までニューヨークでデザイナー兼スタイリストとして働いていました。廃棄物が大量に出る現状を生産側から目の当たりにして、服のアップサイクルにただちに着手――宣伝用の写真や動画撮影に1度使用しただけで捨てられる高級衣料品を主な対象にしました。さらに強烈だったのは、心の健康の危機です。ファストファッションは1年当たりのシーズン数を変えるだけでなく、消費者・デザイナーズブランドの役割をまったく融通の利かないものにし、いつの間にかわたしたちはそれを当たり前と思うようになっていました。わたしの友人たちは人間には不可能なペースでデザインを生みだすよう要求され、服を着る人たちとのつながりはもはや失われていました。わたしは薬物やアルコールの濫用、死にたいと口にする人たちを見てきました。のちには自殺未遂まで。それで本当に目が覚めたのです。

ファッション産業内で働くことはできないならと、ファッション産業のために働くことに。なんであれ自分にできる改善に取り組みました。ファッション産業をよりサステナブルにしようとする企業へサービスを提供するところから始め、そのうちのひとつが（現在の）パートナー、ブランソン・スキナーとガーナのアーティスト、RAAMが創設したフェアトレードブランドでした。これがきっかけでガーナを訪れたわたしは、中古衣料の売買、服のアップサイクル、素材調達がおこなわれているアクラのカンタマント市場へたちまち放りこまれることに。この旅行が転機となって衣料品会社をたたみ、OR財団を立ちあげました。これだけ服があり余っているのです。たとえアップサイクルするとしても、さらに服を作るなんてシンプルに間違っています。

2010年から2015年にかけて、アメリカの生徒とガーナの生徒の教育・交流プログラムを実施。アメリカ側の生徒はお古の服を寄付し、それが最終的に誰の手に渡るのかは知らされません。ガーナ側の生徒は学校が終わると毎日“obroni w’awu（死んだ白人の服）”〔訳注：アカン語で中古衣料の意味〕に着替えますが、それがどこから来たのかは知らされません。中古経済を循環性（サーキュラリティ）における開放弁と位置づけて、過剰生産が続けられることにわたしたちは危惧を強めていました。ファストファッションは市場のアップサイクル文化を蝕み、ガーナにもとからあったサステナビリティ文化を徐々に衰退させていたのです。中古衣料が大量輸入されるようになった1960年代、ガーナの人たちは、それらはてっきり亡くなった外国人の服だと思っていました。服が余るという発想がなかったのです。ところが2015年になると、あり余るぐらいあるのはいいことだと考えるように。グローバルノースの考え方と同じです。環境的・社会的・政治的観点からこれを調査するため、2016年にマルチメディア参加型研究プロジェクト“Dead White Man’s Clothes”をスタート。カンタマント市場を運営する人たちとの関係構築に取り組みました。

カンタマント市場誕生の経緯とは？

植民地時代、ガーナの人々は英国人が定めたドレスコードに従うよう求められました。場所や職業、学校によって、サステナブルなガーナの民族衣装、ケンテからシャツとネクタイに着替えなくてはなりません。イギリスはガーナでお古を売り、古着を輸入することでも利益を得ました。これが発展したものが、こんにちわたしたちの知る中古衣料市場です。

中古経済では植民地時代の力学がさまざまな形で残っています。まず、グローバルサウスに入ってくる衣料品のタイプと品質は、グローバルノースで生産・購入・返却・着用・寄付されるものしだい。中古経済は供給頼りなので、グローバルノースのリセール・プラットフォーム、委託販売店、慈善団体、衣料品の回収業者・ランク付け係・輸出業者を含む、バリューチェーンの全員に影響しますが、結局のところ、いらなければグローバルサウスへまわすことができるのです。アフリカ大陸の中古市場は残り物でも大歓迎だろうと。グローバルノースでは消費者まで人助けのつもりでゴミ袋に服を入れて寄付しているありさまです。

次に、服の購入方法もまるで違います。カンタマントのような市場では、輸入業者やリテーラーは年間数百万点を下見なしに購入。どんなものが送られてくるかを交渉する権利は皆無に等しく、最大で3分の1は売り物にならず、ゴミとなるのを覚悟しています――客が同じ服を3つのサイズで購入し、自宅で着てみて気に入らないものはたいてい手数料無料で返品できるグローバルノースの大量消費主義とは著しく対照的です。おおよそ1,500万点の衣料品が毎週荷下ろしされ、うち40%は1、2週間のうちにゴミとして出ていきます。

3つめに、中古衣料市場に対する人々の見方があまりに単純なこと。わたしたちの調査に関する報道でも、ゴミ問題ばかり取りあげられ、すばらしいアップサイクル文化には触れられていません。アメリカの中古衣料品売買プラットフォーム、スレッドアップへ送られてくる古着のうち売り物になるのは半分以下で、利益を得られない服はカンタマント送りとなります。いらないものを“払い下げ市場”へ売り払うスレッドアップは循環経済の救世主扱いされ、一方カンタマントは文字どおりのゴミ捨て場扱い――ダブつき状態に陥ったサプライチェーンのどん底です。それでもカンタマントはリセールとアップサイクル経済では世界一の規模。週6日、3万人を超える人々が働いています。クリーニング業者、染色業者、修繕業者、スクリーン印刷業者、ビーズ職人、靴修理屋、仕立職人、アップサイクル職人、デザイナー、リテーラー、輸入業者、輸送業者、警備員、倉庫管理人それに関係者によるネットワークが、毎月2,500万点もの服を再循環させているのです。

カンタマント、それに一般的にはゴミまでが、ビッグファッションから“金鉱”と呼ばれています

が、とんでもない。ゴミのせいで動植物の生息環境は破壊され、人が死んでいるのです。いまやゴミは資源扱い――ゴミを調達するなら、ヨーロッパやアメリカより、ガーナからのほうが安い。だからカンタマントはブランドにとっての採取場。しかも現地のリテーラーによって服はすでに“無料で”仕分け済みです。ブランドはカンタマント側の労働には賃金を払うことなく、使える資源のみをグローバルノースへ輸出し、そこで“サステナブル”とか“循環型”製品に加工して付加価値をつける考えです。利益はすべてグローバルノースの懐へ。これは再生ポリエステル繊維ですでに起きていることです。原材料（ペットボトル）はグローバルサウスのコミュニティから抽出され、ただ働きがしばしば起こっています。

一般には知られていないカンタマントのストーリーとは？

女性の運搬人“カエイエイ”には8歳ぐらいの少女もいます。市場では中古衣料を頭にのせて運び、1回当たりの賃金は30セントから1米ドルのあいだ。かろうじて暮らせる程度です。頭にのせる荷物は自分の体重より重いことも。骨の折れる仕事で、ときには荷物の重さで本当に首の骨が折れて命を落とします。わたしたちはこの問題に対する関心を高めて、荷物の重さを政策で制限させようと、カイロプラクティック調査・治療プログラムをスタートしたところです。カエイエイはカンタマント市場にはなくてはならない存在ですが、この“奴隷システム”の問題を認識している人はごくわずかです。

あなたが考えるよりよいシステムとは？

修繕、アップサイクルに必要な道具が衣料品のすぐ隣にある、カンタマントのような市場がグローバルノースにできることです。アメリカではリサイクルショップ、グッドウィル（Goodwill）がどこでも10マイル（16キロメートル）以内に必ずあります――つまり素材は10マイル以内で入手可能。あとはそれらの素材を生まれ変わらせ、長く使うのに必要な技術が10マイル以内で利用できればいいのです。わたしがアメリカで靴の修理屋を探すと、いちばん近くでも隣の州なので、わざわざガーナへ修理に持っていかなくてはならないのは、ばかげています。

ですが、もっとも大切なステップは、富と力の再分配でしょう。自然のシステムをモデルとした循環性と再生型（リジェネラティブ）経済について語るときに見落とされるのが、ファッションがもっとも自然からかけ離れている点はその素材ではなく、資力を集約させる点だということ。グローバル化により、物欲とコミュニケーションはどこでも同じに。誰であれ、どこにいるのであれ、みんなに同じモノを求めさせることで、ファストファッション・ブランドはより多くの場所からお金を搾り取ることができます。素材の保護だの新たなバイオプラスチックだのと、どれだけブランドが謳おうと、ファストファッションで財を築いたビリオネアたちが、菌糸体が栄養を再配分するように、富を再分配するまでは、循環性や再生（リジェネレーション）について彼らの言うことはひとつも信じられません。

168-73ページ：“背中にかかる服の重さ”（写真撮影サキティ・テサ・マテ＝コジョ、168ページ）、“死んだ白人の服”（169ページ）などのプロジェクトで、OR財団は植民地制度とガーナの伝統的ファッション、社会的・環境的正義の関係を調査。グローバルノースが捨てた服の海にカンタマントのような市場がのみこまれるのを食い止めようとしている。

ザ・スラム・スタジオ
The Slum Studio

インタビュー：セル・コフィガ（創設者兼クリエイティブ・ディレクター）
場所：ガーナ

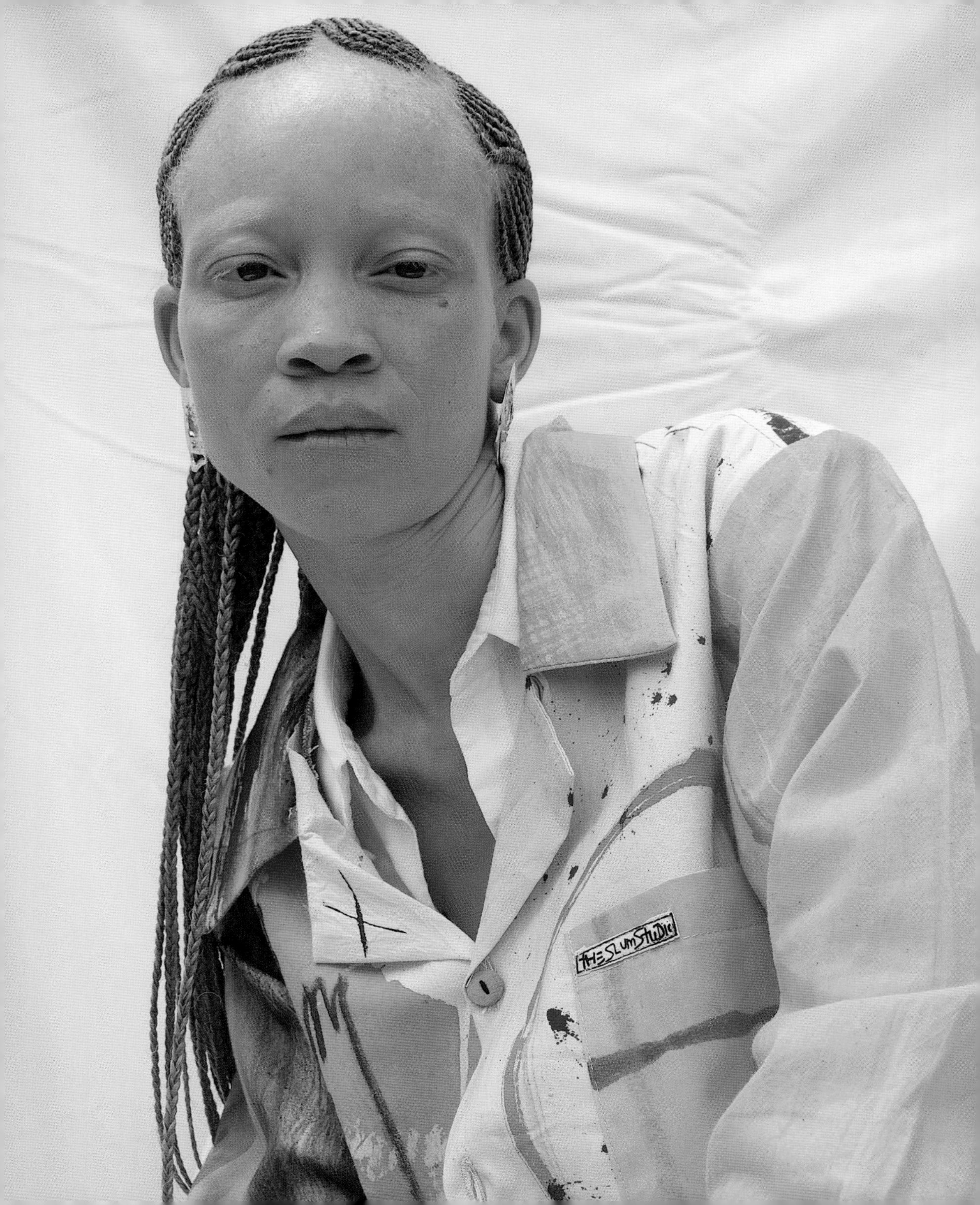
THESLUMSTUDIO

ザ・スラム・スタジオ（The Slum Studio）はアクラを拠点とするブランド。地域の市場で仕入れた端切れや中古衣料にペイントしてアップサイクルすることで、廃棄服問題に取り組んでいる。

ザ・スラム・スタジオ設立の背景にはどんなきっかけが？

服の政治力学に関心がありました――中でも中古衣料品の再分配、取引、そして自分の身のまわりの環境にそれが与える影響に。わたしのブランドは色彩、イラストレーション、抽象表現が持つダイナミックなパワーを用いた視覚的対話を作りだすことで、服という媒体を通し、ガーナと近隣諸国の市場へもう1度目を向けてもらうことを目指しています。アーティストとして、わたしの関心と活動は常に空間と身体、オブジェクトに結びついています。素材とそのまわりでムーブメントを生みだす数々の手のあいだには多面的なつながりがあり、それをテキスタイル・アート、ストーリーテリング、フォトドキュメンテーションを使って表現するというアイデアがきっかけとなりました。

あなたにとってリジェネラティブ・ファッションとは？　その実現のためにあなたがしていることは？

わたしにとってリジェネラティブ・ファッションとは健全な再生工程を経た服作りです。つまりは近い将来、環境のためにポジティブな結果をもたらす新たなモノを布から作りだすこと。わたしのブランドでは、コットン／ヘンプ繊維から作った無漂白の布を使っていますが、もとはすべて廃棄物だったもの。合成繊維より環境によりポジティブな影響を与えるという信念から、そうしています。

あなたのデザインプロセスとは？

考えることからスタートします。作品ではひとつの空間を取りあげ、人々をその空間へと導き入れる門（ポータル）の役目を果たすのが、（調達した布にハンドペイントする）ひとつひとつのディテール――わたしの作りだす色とシンボルはその空間内で起きていることと対を成しています。新しい資源を使わなくとも、中古素材やオブジェクトから新たなモノを生みだすこの文化は、デザイン思考という意味ではほかとは一線を画します。多くの人たちが実践している文化だと認識するのが大事です。わたしはその文化の一員にすぎません。

循環型経済、リペア、リセール、レンタルは、どれもグローバルノースでは盛んに使われる言葉です。ブランドの言っていることとガーナへ送られてくるゴミのあいだに食い違いは？

それらの言葉が日常会話の一部になったことには歯がゆさを覚えます。過剰消費によってすでにめちゃくちゃにされているガーナの環境にさらにモノを押しつけようとする人たちが、故意に使用するマーケティングツールとなっているのです。ビジネスが一部の巨大ザメたちの餌となる背景には資本主義と新植民地主義があります。貧しい者は貧しい者のまま、富める者と権力者はいつまでも頂上にとどまるよう、ピラミッドが守られているのでしょう。

ポジティブな影響を増大させるために、デザイン・ソリューションを拡大する方法は？

ゴミから作品を生みだすアーティストは大勢います。それこそ溢れんばかりに。そのひとりとして、わたしは手に入る資源からモノを作ることを常に考えています。没頭すること、リメイクすること、実験することは、アーティストのパワーとなります。最良の選択肢ではないかもしれません。ですが、新たな資源から完成品を生みだすシステムよりはましなのはたしかです。スケールアップという点では、環境的・社会的変革を徐々に作りだしているつもりです。やるべきことの多さには圧倒されますが、最善を尽くし、もっと多くを成せるようになると期待しています。

顧客はどのような人たちで、あなたのビジョンにどのような関わりを？

わたしはアート作品を作っているので、顧客は世界中にいます。ターゲット市場やニッチな顧客層は意識していません。服を着ること——そして古着にまつわる政治力学——は、わたしたち全員に影響を与えています。ですから、誰とでもわたしのビジョンを分かち合い、世界中のどこからでもその声をわたしの作品に加えられるようにしたい。肯定的な反応とそうでない反応の両方をいただいていますが、権力を持つ人たちに自分たちの力がどれほどの破壊を作りだしているかを気づかせるには、わたしたち全員がもっと頑張らなくては。

ファッション産業であなたがもっともぞっとする統計データは？

毎週1,500万点を超える中古衣料がここへ運びこまれることです。ガーナだけでこれです——アフリカ大陸のほかの場所へはどれだけ送られていることやら。それにぞっとしないのなら、いったい何にぞっとするのでしょうか。その数字からだけでも、グローバルノースが毎日どれだけ生産しているのかわかるというものです——そしてその大量の服がガーナのような国々で文字どおり暮らしを破壊していくのです。

174-77ページ：ザ・スラム・スタジオはアップサイクルした中古衣料と端切れを使ったハンドペイントの服で、服・文化・クリエイティビティの政治力学に対する関心を呼び起こそうとしている。

ルバナ・ハク　Rubana Huq

ルバナ・ハクはバングラデシュ衣料品製造・輸出業者協会（BGMEA）の元会長――BGMEAはバングラデシュ最大級の既製服産業業界団体で、中でも織物衣料、ニットウェア、セーターなどの企業を代表している。ブランドや開発パートナーを含む地域および国際的利害関係者（ステークホルダー）と協力し、バングラデシュのアパレル産業発展へ向けて道を切り拓いている。現在、およそ4,000の衣料品工場が加盟。

「バングラデシュは世界でもっとも気候変動の影響にさらされる国のひとつです。しかもすでに深刻な影響が出ています。アジア開発銀行によると、気候変動によりバングラデシュは2050年までに毎年GDPが2％減少する恐れがあります。気候変動とそれによって引き起こされる自然災害に対して復興力が欠けているため、経済的損失は多大です。洪水や海面上昇には移住するしか対策がありません。

企業にとってもリスクは増加します。主要な港はチョットグラム港とモングラ港のふたつのみ。自然災害の影響を受ければサプライチェーンが脅かされますが、バングラデシュに対応できる力はありません。スリランカや中国、インドと比べて、すでに輸出までの所要時間（リードタイム）が長いのが現状です。

こうした災害に対応する事業継続計画が必要であり、その一方で世界規模のファッション産業およびその“作って―採って―捨てる”の線形モデルのビジネスはもう限界に来ていることを認識しなければなりません。循環型経済への移行は必須です。2020年にマッキンゼー・アンド・カンパニーが発表した報告書“ファッションが気候に与える影響（Fashion on Climate）”によると、循環型ビジネスモデルを採用するだけでファッション産業のカーボン・フットプリントを10％削減できます。

バングラデシュは世界第2位の既製服輸出国であるため、テキスタイル廃棄物をもっとも出している国です。しかし、この廃棄物は衣料品生産国の中でどこよりもリサイクルしやすく、需要が高いとも言えるでしょう。生産後に出されるテキスタイル廃棄物は年間およそ40万トンにのぼります。ですが、バングラデシュで生みだされる廃棄物が循環型経済に採り入れやすいのは、その量のためだけでなく、バングラデシュの工場はほかのどの国より平均的な規模が大きいからです。同じアイテムを大量生産するため、廃棄物が規格化されているわけです。

生産されるテキスタイルと衣料品のおよそ65%がコットンかコットンの含有率の高いテキスタイル。コットンは現時点でもっともリサイクル可能な廃棄物であり、セルロースのメカニカルリサイクルとケミカルリサイクルの両方に適しています。大半がニット製品なので、テキスタイルの構造的にもリサイクル向き。メカニカルリサイクルだけでなく、新分野であるセルロースリサイクルも適用可能です。

わたしたちはチャンスに前向きですが、循環型経済へのシフトには、融資セクターを含むすべてのパートナーの支援が必須です。バングラデシュで豊かな循環型経済を築くには多くの要素が求められます。まずは業者の能力を強化し、循環型経済は可能だという明確なケーススタディを得ること。そのためには既存のエコシステムを組み入れ、ステークホルダーの意見を合わせなくてはいけません。国内でリサイクル施設を建設し、よりよいビジネスの実例とするため、さらなる投資も求められています。現在、バングラデシュのリサイクル率は5%に届きません。3つめに、バングラデシュには循環型経済のための包括的政策と規制が必要です。現状は好きにやっている無法状態となっています。

BGMEAは最善を尽くして循環型経済を推し進めています。循環型経済を推進するエレン・マッカーサー財団が立ちあげた"メイク・ファッション・サーキュラー（Make Fashion Circular）"イニシアチブでは報告書へ寄稿し、自発的に協力。バングラデシュの無秩序なリサイクルビジネスを規制するよう政府に働きかけてもいますが、これには国際的な専門家の支援がもっと必要です。また、BGMEAはファッション業界の持続可能性を牽引する団体、グローバル・ファッション・アジェンダ（Global Fashion Agenda）フォーラムおよびテキスタイル廃棄物の追跡・取引プラットフォーム、リバース・リソース（Reverse Resources）（180-81ページ参照）と提携して、サーキュラー・ファッショ・パートナーシップ（Circular Fashion Partnership）を発足。利用できるリサイクル素材の増加を目指すこのイニシアチブには、国際官民連携ネットワーク、P4G（Partnering for Green Growth and the Global Goals 2030）が資金を出資しています」。

リバース・リソース
Reverse Resources

インタビュー：ニン・キャッスル（共同創設者兼チーフ・プログラム・オフィサー）
場所：スペイン

リバース・リソースが目指すのはファッション業界内でバージン素材の利用を削減すること——そのためにアパレルサプライヤーと消費財廃棄物回収業者が廃棄物情報を共有できるようにし、テキスタイルからテキスタイルへのリサイクル業者やオンラインファッションブランドとリアルタイムで結びつけ、収益率が高く拡張可能な方法でテキスタイル廃棄物をリサイクルへまわせるようにしている。このプラットフォームを通した追跡可能な逆（リバース）サプライチェーンはWin-Win（ウィンウィン）な実例となり、循環型経済とサプライチェーンの透明化を促進している。

どのような仕組みですか？

サプライチェーンのどこにどれだけの廃棄物があるかを企業に理解してもらいます。たとえば北アフリカの国際連合工業開発機関とのプロジェクトでは、チュニジア、モロッコ、エジプトを調査。テキスタイルの産業廃棄物を特定し、循環型へのロードマップを提示、リサイクル促進のためのパイロットプランを作成しました。工場の製造過程と投入原材料がわかれば、特定のパラメーター内で出すべき廃棄物量を測定できます。この点では、データのみを扱っていると言えるでしょう。わたしたちのもうひとつの仕事は追跡可能性の構築です——つまりは廃棄物の流れのデジタル化。汚染物質の削減にも取り組んでいます。これは現状では、工場の廃棄物は汚染物質とともにひとまとめにされているからです。

廃棄物のおおよその割合は？

裁断ゴミは9〜23%——はねられたパネル、ロール片、加工剤、糸くず・落綿、紡績廃棄物、なんであれその他の工程で出るゴミは含まれません。繊維から服にする過程で出る廃棄物の割合の最高値は43%ですが、平均で35%というところでしょう。わたしたちが裁断ゴミに力を入れているのは、回収しやすいからです。工場と協力し、紡織工程で出る廃棄物の利用も始めています。糸くずやボビンなどもとても需要の高い廃棄物です。

未来の展望は？

人工セルロースへの関心が高まっています。ケミカルリサイクル産業が拡大したあかつきには、リサイクルビスコースが大量に市場へ出まわることになるので、わたしたちもビスコースやセルロースの原料へシフトするでしょう。コットンは生産されつづけるか？　もちろんイエスです。ですが、すべてをリサイクルできるようになる可能性もあります。化学的リサイクル技術のライフサイクル・アセスメントはまだ終わっていないので、影響力を数値化するのは困難です。もっとも、水とエネルギーは大幅に節約されるようになるでしょう。ブランドは、貴重な廃棄物をどれだけサプライチェーンから垂れ流しにしてしまっているか、そして廃棄物を循環させることでどれだけ節約できるかに気づきはじめました。これがリバース・リソースの意義です。毎月200トンの廃棄物がわたしたちのシステムによって循環され、インド、中国、パキスタン、トルコ、バングラデシュへの進出を予定しています。わたしたちはまだ大規模とは言えません——しかし小規模ではない。そしてどんどん拡大中です。

180ページ：バングラデシュ、ダッカの生産工場から出る裁断ゴミは回収・分別後、リサイクル糸を作るのに使われる。

エコアルフ
Ecoalf

インタビュー：ハビエル・ゴジェネチェ（創設者）
場所：スペイン

ECOALF

ファッションブランド、エコアルフは2009年誕生。最高のノンリサイクル製品と同等の品質とデザインを持つ、新世代のリサイクル製品作りを目指し、ハビエル・ゴジェネチェが立ちあげた。

エコアルフは商品だけでなく、素材も開発。その利点は？

1950年代から世界全体で80億トンものプラスチックが生産されていますが、リサイクルされるのはわずか10%。わたしがブランドを起業したときは、魅力的で良質なリサイクルファブリックは存在せず、選択肢は非常に限られていました。たとえばリサイクルポリエステル生地といっても、リサイクル素材の含有率はたったの約10〜20%でした。ですから100%に達するまで多額の投資をしました。研究開発はサステナビリティ発展に欠かせません。リサイクルされたポリエステル、コットン、ナイロンのような素材を使い、品質と耐久性を保証するエコデザインを採り入れた、革新的ファブリックの開発に常に努めています。いまでは開発したリサイクルファブリックは450種を超え、海底から回収したプラスチックボトルを原料とするオーシャンヤーンなど、新素材の開発も続けています。

毎シーズンごとに全工程を評価し、水資源、CO2排出量、エネルギーの節約量を計算します。たとえば、2021年秋冬コレクションでは14億4,000万リットルの水を節約、450万本のプラスチックボトルをリサイクル、CO2を712トン節約しています。各衣料品の節約量はウェブサイトに公開、商品自体にも（QRコードで）添付し、100%の追跡可能性を実現しています。

オーシャンヤーン誕生のいきさつは？

2015年、漁師でいまではわたしの親友となったナチョ・ロルカに釣りに誘われました。彼の船の船員たちとともにアリカンテ市の海へ行き、そこに捨てられているゴミの量を目の当たりにしたのです。12時間ほど漁をし、網が引きあげられるたびにわたしは愕然としました。海洋ゴミのおよそ80%は海底に眠っていることをのちに知ったのです。それがわたしたちのプロジェクト、“アップサイクリング・ジ・オーシャン（Upcycling the Oceans）”のきっかけでした。船舶や港に回収容器を設置、釣りあげた海洋ゴミをそこに捨ててもらいます。現在は毎週回収して、分別・再生し、ゴミに2度目の人生を与えています。こんにちではスペイン、ギリシャ、イタリアの60港以上から3,000人を超える漁師が参加し、海から回収したゴミは700トン以上にのぼります。

海から回収したプラスチックのうち衣料品に再利用できる割合は？

回収したゴミの68%ほどを（すべてのガラス、アルミニウム、ペットボトル、ポリプロピレン）システムへ戻すことができます。わたしたちが回収するゴミの10〜12%を占めるペットボトル（プラスチックボトル）は、高品質の糸に生まれ変わります。もっとも、回収した素材は質と特性別にすべて分別しなければ、リサイクルすることも、きちんと処分することもできません。

製造拠点は？

ゴミのある場所で製造するようにしています。これならゴミを輸送する手間がありません。サプライチェーンは複雑になりますが、このほうがわたしたちの価値観に沿っています。エコアルフはリサイクルが正しくおこなわれたことを証明する、GRS認証（Global recycled standard）をスペインで最初に取得。サプライチェーンの追跡可能性（トレーサビリティ）が保証されています。たとえば、わたしたちが販売しているコットンTシャツのほとんどは、リサイクルコットンの紡績職人がいるポルトガルとトルコで製造されています。ビーチサンダルは廃タイヤをリサイクルしているスペインで製造。社会や環境に配慮している企業へ与えられるB Corp認証を受けているので、すべての工場が厳格に管理されているのは言うまでもありません。

エコアルフでいちばんの人気商品は？

ダウンジャケットとフットウェアです。GlacierおよびIcebergジャケットはオーシャンヤーンから作られて、どちらも最新技術を使用。防水透湿のジップアップジャケットで調節可能なフード付き、裏地は100%リサイクルポリエステル、PFCフリーです。フットウェアは100%ヴィーガン素材で金属部品はいっさい使用せず、リサイクルのポリエステルまたはナイロンから作られています。アウトソールに使われている藻類が優れたパフォーマンスと快適さを提供。最近のライフサイクル・アセスメントで、エコアルフのスニーカーは市場でもっともCO_2フットプリントが低いことがわかりました！

あなたにとってリジェネラティブ・ファッションとは？

本物のリジェネラティブ・ファッションとは、古いアイテムを新しいものへ完全に生まれ変わらせることです。完全な持続可能性を目指すうえで、循環性は真の解決策になるでしょう。ですからエコアルフでは完全な循環性を目標のひとつに掲げています。まずは製品のデザインと、使用する素材から。また、エコアルフでは過剰生産はしません。たとえそれが売上げの減少を意味してもです。アイテムごとに完全な透明性とトレーサビリティを保証する衣料品回収プログラムも計画中です。

エコアルフと人類に対する夢は？

新たなプレミアムライン、エコアルフ1.0はわたしたちの夢の結晶です。エコアルフ誕生時のテーマは、持続可能性、品質、時代を超えたデザイン、そしてイノベーションをひとつひとつの服に注ぎこむこと。エコアルフ1.0は単なるファッションではなく、ライフスタイル、ブランドの信念、核となるビジョンそのものです。服の着方だけでなく、ライフスタイルをも新たな形にするため、最新のサステナブル・イノベーションをニュートラルなカラーとミニマルなフォルムへ融合し、何年も着用できるようにしています。人類への夢は、わたしたちのニーズと地球のニーズのバランスを見いだすこと。エコアルフ1.0はその一助になると信じています。

182-85ページ：海洋ゴミ、廃タイヤ、投棄漁網のナイロンなどから作られたリサイクルPETポリエステルを活用し、エコアルフのハビエル・ゴジェネチェ（184ページ）は地球を最優先する魅力的なファッションを作りだす。

ANGUS DURALINE

エルヴィス・アンド・クレッセ
Elvis & Kresse

インタビュー：クレッセ・ウェズリング（共同創設者）
場所：イギリス

ロンドンで消火活動の役目を終えた消防ホースが埋め立て地行きになるのを救いだすエルヴィス・アンド・クレッセのミッションは、2005年にスタート。高度な伝統技術を持つ職人を採用し、一見使い道のないゴミをライフスタイルアクセサリーへ生まれ変わらせている。収益の50%は原材料と関わりのある慈善活動へ寄付される。

気候的・生態系的・社会的危機への関心が高まったことで、あなたたちの仕事への関心も高まりましたか？

2005年にスタートしたときは、まわりからクレイジーだと思われました。ですが、興味を示す人が年々増えています。彼らが理解したがるのは、自然界、生物多様性、そしてステークホルダーシステム全体とのわたしたちの関わり方。水の使用量は？　エネルギー量は？　使っている車の種類は？　いまではこうした質問を頻繁にされます。

エルヴィス・アンド・クレッセのネットゼロ計画とは？

気候変動危機が問題にされるようになったのは、アメリカの政治家で環境活動家のアル・ゴアが世界をまわって講演していたおよそ10年前で、わたしたちも長いことその対策を取ってきました。エルヴィス・アンド・クレッセでは炭素測定を実施。廃棄材料を使うところから始めるので、スタート地点ではカーボン・ネガティブですが、その後は行動のひとつひとつがCO_2排出量を急上昇させます。わたしたちが使う原材料のひとつに、欠陥品のパラシュート生地がありますが、年に4回ウェールズまで取りに行ってケントへ戻るのが、気候への大きな負荷となっていました。そこで小型トラックを使わずに回収する方法をひねり出すことに。考えるときのスタートはマクロレベルでも、すぐにひとつひとつの細かな点を調べることになるものです。

再生型（リジェネラティブ）になることはシステム全体を見直すこと。それが農場へ拠点を移した理由のひとつです。見直しは自分たちが作るモノからだけではなく、フードシステムからもスタートします。リジェラティブな農業体験に最適な広さの土地があり、土地・家畜のホリスティックな管理を指導するネットワーク、3LMからインストラクターを雇い、痩せた牧草地を水産養殖のできる貯水池付きの生物多様性ホットスポットへ変える7年計画に着手しました。

現在のCO_2排出量は？

問題は輸送です――わたしたちの場合、そこが全炭素の排出源です。カーボンニュートラルな輸送業者と提携する予定でしたが、相手が最低雇用時間を保証しないゼロ時間雇用契約を採用していることが判明。いくら炭素を大幅に削減できても、そんな会社とは手を組めません。もっとも、わたしたちは年ごとのゴールではなく、2030年までのネットゼロ達成を目指して問題にひとつずつ取り組んでいます。とはいえ対策の規模は常に拡大させてもいます――製品の使用によって排出されるCO_2量の測定、製品を修理して長く使ってもらう取り組み、製品が結局は埋め立て地行きにならないかの調査など。ただし、これらの測定法で充分に正確なものはまだ見つかっていません。

これらのアイデアがメインストリームになっている手応えは？

大学でわたしたちのケーススタディを学んだとか、わたしたちの講演やイベントに来たとかという人たちから、取り組みを始めたという電話を月に2度ほどいただきます。わたしは、埋め立て地を訪れてそ

こで目にした素材が心に語りかけてきた話を必ずするようにしています。ロンドンの消防ホースの廃棄問題をどうにかしたかった。ポーランドではタイヤ問題に取り組む人たちと出会い、パキスタンにはセーターの再利用法を考えるふたりの兄弟がいて……。

また、わたしたちはバーバリーとの提携でも成功をおさめています。皮革廃棄物を救済して紡織可能な状態に変え、製品作りにもリメイクにも使えるようにしたわたしたちの技術が認められたのです。この5年間、バーバリーの皮革廃棄物はわたしたちの製品の素材になっています。皮革の長期的な救済法も検討中です——世界中の皮革廃棄物がイギリスのケント州へ送られてきても困りますから。皮革廃棄物が出る場所で救済してほしいのです。1トン分の皮革を埋め立てるか、それから10万ポンドの収益を得るか。この数字を見せられた最高財務責任者（CFO）は、埋め立て地や焼却場へ廃棄物を送ることで大損しているのだと気がつきます。

あなた方のモデルがグローバルサウスでも用いられた事例は？

バックルやDカンなどのハードウェアも自社で作りたい、それもエルヴィス・アンド・クレッセらしいやり方で、と常々考えていました。廃棄物と再生可能エネルギーを使い、パワーに溢れたストーリーを語りたかったのです。そこでロンドン大学クィーン・メアリー校に協力してもらい、回収した廃棄アルミ缶からハードウェアを作る、太陽光発電の小型鍛造機を設計。南アフリカの社会的企業と提携し、この技術を完全公開しました。5回のZoom会議後には、彼らは高価な部品の代替品を現地で調達し、もっと安価に作れるようになっていました。彼らはこの技術をまったく別の用途——屎尿処理や建設資材の製作——に活用しています。ひとつのテクノロジーがさまざまなグループによって現地の問題対策やソリューション作りに使われるのを見るのは、胸躍る体験でした。

あなたにとって真のリジェネラティブ・ファッション・システムとは？

環境面の問題がありますが、コミュニティの構築、教育水準の上昇、機会の創出、人々の暮らしの喜びが盛りこまれていなければ、リジェネラティブとは言えません。心やコミュニティや環境に、失望と破壊をもたらすものはリジェネラティブとは言えない。一致団結して投資できるよう公平な競争を後押しする法制度も必要です。真にリジェネラティブなブランドがあっても、ほかにはまねできないと思われがちです。実際には同じやり方でビジネスをおこない、誰もがしっかり賃金をもらえるようにすれば、それでやっていけます——わたしたちがモノを買うことはぐんと減り、幸福度はぐんと増すでしょう。

186-89ページ：エルヴィス・アンド・クレッセのラグジュアリーハンドバッグはロンドンの消防ホースを再利用したもの——過去10年間で300トン以上が埋め立て地行きになるのをまぬがれた。

キャリン・フランクリン　Caryn Franklin

大英帝国勲章第五位を授与されているキャリン・フランクリンは、ファッション・アイデンティティコメンテーター、変化の担い手、テレビタレント、ライター、FACE（Fashion Academics Creating Equality：平等性を作りだすファッションアカデミック）委員会委員、ロンドン、キングストン・スクール・オブ・アート、Diverse Selfhood（多様な自我）客員教授。

「ファッションがテレビへ進出すると、デザインに対する人々の興味は高まり、流行のデザインを売れば儲かることに実業家や投資家が気づきます。まずはスタイルの民主化が起きました。デザイナーは大手企業と提携し、革新的なデザインと品質を求める顧客向けに低価格を実現。けれどもイギリスの小規模デザイナービジネスもまた、拡大およびスピードアップするよう圧力をかけられることに。一般大衆向けのファッションが誕生し、テクノロジーが大量生産を加速させました。こうなるとサプライヤーはほかの成長ブランドと競争するために、もっと大量に、もっと安く売ることを優先。生産拠点が海外へ移ると、工場廃水、労働者の搾取、カーボン・フットプリントの増加は、利益のためには必要と見なされるようになりました。ビジネスが自主規制するなんて考えるのはおめでたい。いまもこれまでも、最大の焦点は四半期の利益率なのです。

リジェネラティブ・ファッションはすべての労働者を大切にするものです。協力し合う環境であり、賃金は標準化され、製品完成までのスケジュールはスローダウン。実際に衣料品にかかるコストとして、素材の来歴、生態系への負荷、リサイクル性が組みこまれるように。サプライヤーは使用されなくなった衣料品を引き取り、分解までおこないます。消費者はサステナビリティへ向けた歩みを学んで、すべての過程に関与。広告ではインスピレーション溢れる多様な人々が取りあげられることでしょう。何より大事なのは、ブランドが社会的正義、目的、平等性に関する自社の評価を核となる価値観（コアバリュー）の中心に据えるようになること。

すべてのファッション関連団体も、サステナビリティを中心事業にしなくてはいけません。デザインを学ぶ人は誰もがサステナブルな衣料品調達とフェアトレードの仕組みに精通するようになり、その知識を産業界へ持ちこみ、時代遅れの人たちを振り返らせなくては。現状では、急進的なアイデアを持つクリエイティブな若手は少数派で、まわりのシステムに影響を与えることはできていません。人種およびジェンダー問題でも状況はまったく同じ。イギリスのファッションリテールにもっとも影響を与えている人々のリスト、ドレイパーズパワー100（Drapers Power 100）を見てごらんなさい。たしかに、これらの課題を優先するすばらしい個人もいますが、大量販売と人種差別もいまなお健在です。システム内にいる黒色・褐色人種の研究者不足への対策や、有色人種の作品が直面する壁への認識は、まだ極めてわずかなのです。

一市民として、変革の最前線でブランドを支援する人もいることでしょう。リペア、服を交換し合うファッションスワップ、レンタル、リメイク――持続可能なウェアを提供するファッションマーケットプレイス、RETUREにはすばらしいサービスがそろっているし、ファストファッションへのボイコットとして1年間新しい服を買わない運動、「52週間の新品断ち」のようなデトックスに参加する手もあります。けれども、何も考えずに消費を続けている人もいるはずで、そのままではいけません。活動家（アクティビスト）たちが正しい方向を示してくれているのですから（ファッションライター、アジャ・バーバーのインスタグラム、@ajabarberには魅力的なアドバイスと知識が盛りだくさん）、自分たちが環境に与える負荷の責任を取って、いまからでも学びましょう。“見せかけ”だけのブランドへは背を向け、透明性と誠実性を自分に合った価格で与えてくれるレーベルに乗り換えるのです――サステナブルな価値を提供する、慎重に価格を設定された小規模ブランド市場は拡大中です。

資本主義は増益とマージン縮小を求め、スケジュールはスピード優先のため、すぐに変化を取り入れるのがとても難しい。それでもよりよいシステムの導入による長期的損失を計算に入れる必要があります。消費者は製品価格の値上がりと入手までにこれまでより時間がかかるのを納得することで、フェアトレードと環境正義を草の根から広めることができます。ビジネスを一個人として例えるならば、自己中心的で他人のことは一顧だにしないソシオパスのような態度に、誰もがそっぽを向くでしょう。なのにわたしたちは救いようのない薬物中毒者みたいに、売り手が何をしようと目をつぶり、ヤクを欲しがるようなありさまでいいのでしょうか？　ブランドやリーダーたちには、自分たちに割り当てられたものと賃金の標準化、炭素排出量を守らせなくては。グリーンな年金を優先付けしている株主はそのお金をよそへまわすべきです。

権力が腐敗するのは研究からもわかっていること。資本主義は搾取行為に賄賂で報いて、この狂気を助長しています。2015年のベンダハン（Bendahan）とその他の研究――“Leader Corruption Depends on Power and Testosterone（リーダーの腐敗はパワーと男性ホルモン（テストステロン）によって決まる）”――では、実験上の設定において、権力を濫用し、他者を過小評価して賃金をさげた人はテストステロン値が高いことを発見。また、多くの研究が多様性のあるリーダーシップチームでは生産性と収益性が高まると、その利点を裏付けています。考えるまでもないことですが、ジェンダーや人種の壁がある限り、新しい思考は生まれません。多様性と包括性（インクルーシビティ）はサステナビリティから切り離せるものではないのです。白人男性のリーダーたちが私利のために権力を浪費する時代は終わりにしましょう。FACEはクリエイティブなセクターにおける少数派の声不足を是正しようと、内側から人種差別と戦い、黒色・褐色人種の創造性を教育機関の指導的立場に取り入れることを要求しています。人種差別は衣料品産業における黒色・褐色人種家庭と労働者の植民地的な搾取の原因でもあります。もしあなたが人種的に少数派のファッションアカデミックなら、www.weareface.ukにどうぞご参加を」

アイリーン・フィッシャー
Eileen Fisher

インタビュー：エミー・ホール（社会意識戦略アドバイザー）
場所：アメリカ

アイリーン・フィッシャーは1984年に自分のファッションブランドを創設、そのデザインはもっともシンプルかつピュアなエッセンスのみにまでそぎ落とされている。ビジネスでポジティブな違いを生みだすのを信条に、サステナブルな生地を使用し、クローズドループ製造を目指す。

サステナビリティと平等性について、顧客の考え方を変えていく方法は？

顧客が関心を寄せていることについて具体的な話をするのと、顧客を教育しようとするのとでは違います。また、顧客は十人十色です。サイズ、フィット感、着心地にしか興味のない方もいれば、自身の価値観を店舗へ持ちこまれる方も。ですから、どんなお客さまでも安心してわたしたちの世界へ足を踏み入れ、歓迎されていると感じていただけるよう、ストーリーテリングを取り入れています。“メイド・イン・USA”がグローバルな物語のほんの断片でしかない理由はなんだろう？　追跡可能なコットンがいま選ばれている理由は何？　このふたつはわたしたちがウェブサイトに公開しているストーリーのほんの一部です。

サプライチェーンにおける、ジェンダーにもとづく暴力、生活賃金、組合結成の自由などの問題へはどのような取り組みを？

ジェンダーにもとづく暴力は直接扱っていませんが、差別／ハラスメントおよび人身取引／現代の奴隷制度という大きなくくりの中に含めています。わたしたちの方針はこれらをすべて禁止しています。人身取引された恐れのある労働者の見分け方を講習会で指導。第三者監査人、携帯電話を使った労働者アンケート、わたしたちのスタッフによる訪問調査でも、工場をモニターしています。

サプライチェーンにおける生活賃金に関しては、賃金率を複数のレベルで求め（基本給、時間外手当、休暇手当など）、各種手当を差し引いた基本給を分析します。また、特定の地域では、企業の社会的責任を評価するNGO、ソーシャル・アカウンタビリティ・インターナショナル（Social Accountability International）と提携して生活賃金評価をおこない、推奨レベルに満たないサプライヤー施設内で賃金をあげるためにさまざまな戦略を試します。ここころが腕の見せどころですが、簡単にどうにかなるものではありません。サプライヤーのキャパシティの20%を占めるわたしたちが、サプライヤーの賃金レベルにどれだけレバレッジを与えられるのか？　サプライヤーへの支払いを増やしたとして、それが労働者へ行くことを保証する方法は？　それらのサプライヤーのサプライヤー（クリーニング業者、ラベル製造業者、梱包材サプライヤー）は？　これらの疑問を考えると、生活可能な最低賃金を法律で定めるなど、システム的なソリューションが求められていることがわかります。

組合結成の自由（FOA）は、わたしたちが1990年代後半から取得している国際的な人権基準、SA8000〔訳注：Social Accountability（社会的責任）8000〕の基本事項となっています。真のFOAとは、サプライチェーンの労働者が――報復措置や脅迫の恐れなしに――自由に労働組合へ入れることです。社内の監査員が労働組合や自由選挙による労働者委員会があるかを調査。さらに、それらの機構が効率的に機能しているかを調べます――労働者が安全に不安を持ちこむことができるか、管理側は積極的にそれに耳を貸し、対応しているか。

生産・消費の削減へ向けてどのようなアプローチを？

わたしたちはリジェネラティブ農業を全力で支援

しています。アイリーン・フィッシャーの服の素材は90%が土地から誕生——管理された農作物由来であれ、木製繊維であれ、家畜の毛であれ。リジェネラティブ農業を支援することで、生物多様性の修復を手助け。ひいてはそれが地球上のすべての生き物へ健全な未来を約束することになります。"採って—作って—捨てる"からシフトし、製品の"使用期間"を延ばす方法も探っています。着なくなった服を返却してもらい、きれいにして"リニュー"アイテムとしてもう1度販売。リペアや染め直し、または分解して、新たに作りだしたものを限定コレクションに。くたくたのアイテムは裁断して機械処理でフェルト化し、ウェイスト・ノー・モア（Waste No More）というブランド名でホームファニシングにしています。

もっとも難しく、そしてまず間違いなくもっとも重要な問題は、アパレル産業全体で消費者のもとへ送りだしている衣料品の総量でしょう。作るものを減らせば、天然資源の使用量とゴミは減ります。しかし、それにはすべてのブランドが循環型の思考を持たなくてはなりません。

アイリーン・フィッシャーであなたがもっとも誇りに思う瞬間は？

2012年、サプライチェーンの視察旅行から戻ってきたアイリーンは、サステナビリティへ向けた行動を取ることを宣言。それまでも努力はしていました——ここはオーガニック繊維、あそこは無漂白繊維という具合に試しながら。ですが彼女は、サステナビリティはビジネスになくてはならないものだと気がつくと（充分な水やエネルギーなしにビジネスが成り立つでしょうか？）かつてないやり方で会社全体を動員したのです。これが個々になんとかするのではなく、全員がソリューションの一部であるのを認識し、各部署でそれぞれ問題解決をはかっていたのを、会社全体で総合的に取り組むやり方に転換した瞬間でした。

アイリーン・フィッシャーのカルチャーとは？

昔から人を支える家族的な職場で、これはわたしが28年もここで働いている大きな理由のひとつです。ESOP（従業員自社株保有制度）による利益の共有（会社の株の40.5%は従業員が保有）とB Corp認証取得は、どちらもアイリーンが人への思いやりを会社のDNAに刻みこんできた実例です。また、アイリーンは他者の話を傾聴するアクティブリスニングを従業員同士の関係の柱としています。生産的で思いやりのあるやり方でアイデアや問題を安心して発言できる環境は必要不可欠です。アイリーンにとって、従業員は企業が成功する鍵。彼女はこう語っています。「36年間ビジネスを導いてきて真実だと言える教訓は、ひとりでは無理だということ——協力なしで前へ進むことはできません。たしかに、わたしたちは世界中で複雑かつ巨大な課題と直面しています。けれどもゴールへ向けて小さな一歩を踏みだせば、それも前進。ゆっくりかもしれない、あきあきするかもしれない。けれどもわたしたち全員がどこかでスタートしなくては」。

192-95ページ：アイリーン・フィッシャーの服は未来を考えて作られている——汎用性のあるフォルムは耐久性に富み、素材はオーガニックコットンやリネン、責任ある調達によるウール、それにリサイクルカシミア、ナイロン、ポリエステルだ。

フィニステレ
Finisterre

インタビュー：デビー・ラフマン（プロダクトディレクター）
場所：イギリス

フィニステレは2003年にトム・ケイが創設。コーンウォールに拠点を置くアウトドアウェアブランドだ。ブランドの海への愛を共有する男性と女性に向けて、サステナブルなウェアを生みだしている

ファストファッションのおかしさに気づいた瞬間とは？

大学ではスポーツを楽しみ、機能性テキスタイルとサステナビリティの両方に関心がありました。学生ローンを返済するため、（ファストファッション業界で）最初に見つけた仕事に飛びつき、サステナビリティのことは忘れるしかありませんでした。考慮されるのは見た目だけ。雑誌の写真をEメールで送り、生産方法や素材のことはいっさい考えもせずに、サプライヤーに同じものを作るよう依頼していました。本当に何ひとつ考えていなかったのです。

フィニステレに入ったいきさつは？

南アメリカへ旅行し、オーガニックコットンを生産している農場で働くことに。繊維について学ぶきっかけとなりました。農家の人たちと働いてテキスタイルを扱い、繊維と土壌、人々との結びつきを理解するのが楽しくてなりませんでした。フィニステレに入ったのは2008年、従業員はわたしを含めて4人だけ。ほかとは違う、偽りのないブランドの姿勢にすぐに惹きつけられました――これまでもこれからも、海がわたしたちみんなを導く灯台です。

エコロジカル・フットプリント削減に向けたブランドの取り組みとは？

削減の前に自分のフットプリントを理解する必要があります。B Corpが提供する環境管理コンサルタントサービス、グリーンエレメント（Green Element）の協力で、カーボン・フットプリントと製品のライフサイクル・アセスメントをすべて調べる大がかりなプロジェクトを2021年のはじめに開始。カーボンニュートラルを謳うブランドのほとんどはスコープ1の排出量のみに言及していますが（スコープ1の対象は本社の排出量など削減しやすいもの）、フィニステレはビジネス全体のフットプリントを調べて、農場から工場、輸送、販売、消費者による利用までカバー。これで負荷がいちばん大きなパートがわかり、サプライチェーンとともにそのエリアの炭素削減に取り組んでいます。“オフセット”という言葉は好きではありません――これまでどおりにやりつづけ、不都合なことはお金で解決するご都合主義の発想です。オフセットでネットゼロを達成したところで意味はありません。炭素削減、炭素除去、生物多様性の増加にこそ焦点を当てなくては。

産業界の変革に必要なものは？

いまこの場所から少しのあいだ抜けだそうとすること。近い将来における“好ましい姿”を想像し、そこへたどり着くロードマップにみんなが同意すること――ひとつのブランドがやるだけでは変革は起きません。全員一致の、本当の意味での協力が不可欠です。大手ブランドにはレバレッジと資金があるかもしれませんが、新しいブランドや小さなブランドの中にはもっと革新的なことをし、さらに大きな規模でポジティブな影響力を与えるものもあるでしょう。

フィニステレが目指す、環境負荷の少ない、好ましい素材の割合とは？

もちろん100％です。それしかありませんよね？　ですがその前に“環境負荷の少ない”と“好ましい”が何を意味するか、環境保護の視点から見直してみましょう。フィニステレは再生可能および／またはリサイクル素材のみの調達を目指し、達成は目前です。取扱製品（アウターウェアと水着）の30％はグローバル・リサイクルド・スタンダード（GRS）認証のリサイクルポリエステルかナイロンを使用。もう30％はオーガニ

ック・テキスタイル世界基準（GOTS）認証のオーガニックコットン。残りの30％はウール――可能であればレスポンシブル・ウール・スタンダード（RWS）認証品を使用しています。H・ドースン・ウール（52-53ページ参照）と提携してリジェネラティブ・ウールの調達も開始。残りおよそ10％はリネン、ヘンプ、テンセル（TENCEL™）、竹、ユーレックス(Yulex®：天然ラバー。毒性の高いネオプレンの代替品）など。再生可能繊維では、リジェネラティブな原料をさらに増やし、リサイクル繊維は繊維から繊維への完全循環型へ進む計画です。10年前は、“環境負荷の少ない”素材といったら、オーガニックコットンとリサイクルポリエステルのみ。状況は変わりました。わたしたちの理解力は日々深まり、サプライチェーン、ブランドそして消費者の後押しにより、この流れに弾みがついています。

フィニステレは“プラスチックについて（Know plastic)”と“ネオプレンについて（Know neoprene)”を皮切りに“希望について（Know Hope)”キャンペーンを展開。“プラスチックについて”はうわべだけの環境保護とマスコミの過剰報道に隠れてしまっているものを消費者へお伝えするのが目的です。プラスチックを害悪と見なすのは簡単ですが、合成物質――中でもリサイクル品――を長持ちする機能性製品に使用することには多くの利点があります。

サプライヤーとはどのような関係を構築していますか？

一例をあげると、デヴォン州のボウモントプロジェクトではレスリー・プライアーという牧羊業者と緊密に提携しています。レスリーは長い歳月をかけてウールを改良し、苦労の末にオーストラリアのメリノウールに勝るとも劣らない最高級のメリノの生産に成功。英国産のメリノウールは不可能だと誰もが言っていたのを、レスリーは決意とたゆまぬ努力で覆したのです。羊の早朝出産でへとへとになろうとも！　彼女が刈る羊の毛はすべて買い取っています。地域に根ざした生産、環境負荷の少ないテキスタイル、彼女のウールはそのどちらもクリア。イギリスのウール産業はすっかり衰退してしまい、ボウモント繊維のために完全な国内サプライチェーンを作るには、各地をめぐらなければなりませんでした。ウールを手作業で仕分けできる人を探し、マイクロン数（繊維の細さ）を決定、加工・紡績後に編んで製品化します。

サプライチェーンはチームの一員として扱っています。ファストファッション業界にいたときは、仕事相手が誰なのかもろくにわからず、価格至上主義ゆえに、取引先をさっさと切っては他社に乗り換えていました。工場と関係を築くこと――それはフィニステレに入ったわたしにとって、まったく新しい体験でした。サプライヤーには、環境、パフォーマンス、品質、耐久性、美的センス面で、フィニステレの目指すところを明確に伝えています。シーズンごとにお互いを評価してそれをシェア、ともに改善をはかります。サステナビリティの話題でサプライチェーンの功績が取りあげられることは滅多にないのにはいつも驚かされます。素材、テクノロジー、働き方における技術改革——わたしが目にしてきたすばらしい改善のほとんどはサプライチェーンによる努力の賜物です。

サプライヤーとはどのようにリスクシェアリングを？

サプライヤーのせいにしたことは1度もありませんし、フィニステレは顧客に誠実です。数年前、ボウモントプロジェクトではちょっとした悪夢を見ることに。レスリーが敷きワラの種類を変えたところ、羊毛にワラくずがつき、機械を通しても完全には取り除けませんでした。クリスマスシーズンに間に合わなくなるため、そのまま製品化しようと決断。ことの顛末をストーリーとして顧客とシェアし、ごく小さなワラくずに気づくかもしれませんと説明しました。計画どおりにいかないときでもチャンスはあるものです。フィニステレが新たなチャレンジに臨むとき、サプライチェーンはとても頼もしい味方で、彼らもチャレンジを大いに楽しんでいます。サプライヤーミーティングやトレードショーへ出席してファブリック見本を選ぶだけなんて、つまらないものです。

産業内の生産量を減らす一方で、技術革新を推し進めるには？

消費を減らし、より賢く消費する必要があるという事実から逃れるすべはありません。より長持ちし、しかもあきられることのない、よりよいテキスタイルと製品を作るのがわたしたちの役目です。サプライチェーンに従事する人たちが高い賃金を得られるようにするのも大切です。そのためにわたしたちは、消費者として、もう少し高くてもお金を払うようにしなくては。

リペアとリセールについてはどのような展望を？

理想は製品が可能な限り循環しつづけること。リブド・アンド・ラブド（Lived and Loved）はフィニステレのリペアサービスです。その延長として、古着の下取りで新製品を割引するトレードインを開始。リセールにも着手するところです。ウェブ経由で古着を持ちこむと、商品購入に使えるポイントを発行。古着は修理されて新たな冒険の旅へ。もう着られない古着はアップサイクルし、たとえばジャケットは財布やバッグのパーツ、またはほかのジャケットの修理に使われます。

リジェネラティブ・ブランドでありつづけるには？

わたしにとって、再生（リジェネレーション）とはニュートラルのさらに先へ進み、社会的もしくは環境的に世界をよりよい場所にすることを意味します。テキスタイルと製品作りが環境に負荷を与えることは承知していますが、フィニステレの製品とコミュニティを通して、海の健康、土壌の健康、人の健康、そしてアニマルウェルフェアにポジティブな影響を与えることができるとも信じています。つまりは自然界との関係作り。関係なしでは、自然を守るために突き動かされることもないでしょう。

循環性と循環型経済を考えるとき、わたしはオークの木を頭に浮かべます。なにも目新しい概念ではありません。立派なオークの木は四季に合わせて大気と土壌から必要なものを摂取。求めるのは自分に必要な分だけです。土やほかの生き物へ還元し、それがほかの生き物の糧となる自然の美しいサイクルが継続します。これぞ完璧なバランスのお手本です。

196-201ページ：イギリスのサーファーのために全天候型のウェアを作るところから始めたフィニステレは、男性と女性向けに革新的なアウトドアウェアを生みだしている。フィニステレのサステナビリティに対するアプローチの根幹には、環境、そしてともに働く人たちへの敬意がある。

リスキンド
Reskinned

インタビュー：マット・ハンラハン（共同創設者）
場所：イギリス

リスキンドは服のトレードインと中古品販売（リコマース）を容易にすることで、消費者とファッションブランドの両方が、衣料品の世界をもっとサステナブルなものにしやすくするよう目指す。

リスキンドはどのような問題をどんなやり方で解決していますか？

ファッションこそが大問題、それにつきます！　メーカーは服を作りすぎ、わたしたちは服を買いすぎ。何より悪いのは服が使い捨てになったことです。買い物タグを切り離すなり商品価値はないも同然と見なす社会をわたしたちは作りあげてしまいました。簡単にモノを捨て、捨てられたモノのその後には無頓着。リスキンドは人と、その人が所有している服との関わり方を変えようとしています。

好きなブランドの服でいらなくなったものを持ちこむと、新しい服の購入に使えるポイントを付与。これがリスキンドのシステムです。服が持ちこまれるとどうするかを決めます。状態がよければきれいにして修理後、新たな持ち主に楽しんでもらえるようふたたび販売。リスキンドではリサイクルより再利用（リユース）を優先しています。服が3人、4人、それ以上の人に着用され、リサイクルにまわされるのはそのあとという世界にしたい。20%の服が古着という人々が10%を占めるのが理想です。服が寿命を迎えたら、その素材に応じてもっとも価値のある用途を見つけます。

提携しているブランドは？

提携数は日に日に増えています。2022年のサービス開始を目指しているブランドが20社。提携先には大手有名ブランドもいれば、小さなブランドも。どちらもサステナビリティを大事にしています。現在登録しているブランドは、フィニステレ（196-201ページ参照）、スウェッティ・ベティ（Sweaty Betty）、ハイロー（Hylo）、エヴァモソ（Evamoso）です。

いちばんの障害は？

あいにく、わたしたちのやっていることはたくさんの人手を要します。可能な限りシステムのコスト効率をあげる一方、賃金もあげるよう努力しています。また、リスキンドは新たな消費者行動を作りだしてもいます。中古衣料を買うことに多くの人が抱いている偏見を取り払うには、まだまだやることが山積みです。

あなたにとってリジェネラティブ・ファッションとは？

さらに循環型のモデルへと移行するため、わたしたちみんなが自分の役目を果たすことです。地球のためを思えば服は少ないほうがいい。それはみんなが知っていることです。ですから、製品がその寿命を終えたあとまで考えてデザインされたブランドから、よりよい買い物をする。可能なときは単一の原材料で作られた製品を買うことで、繊維から繊維へのリサイクルが現実となります。過剰包装のモノは買わない。ブランドが実際はどんなことをやっているかを調べる。イメージだけのエコ製品（グリーンウォッシング）を見分けられるようになる。もっと自分の服がほかの人の手に渡る方法を探す。もう少し気をつけて消費する人が増えれば、世界のペースダウンへとつながり、わたしたちももっと幸せになるでしょう。

202ページ：リスキンドへ送られてくるいらない服の山。古着を「いちばん大切にしてくれる人の手へ渡す」ことがリスキンドの指針。

サンドラ・ニーセン　Sandra Niessen

サンドラ・ニーセン（博士）はオランダ系カナダ人の人類学者。北スマトラのバタック族の衣服とテキスタイルに関する彼女の研究は、グローバルファッションと経済が先住民族の服装へ与える影響に光を当てた。学界から引退後は、脱植民地化とファッション研究会（Research Collective for Decoloniality & Fashion: RCDF）およびファッション・アクト・ナウ（FAN）で活躍。

「植民地時代は世界をふたつに分断しました。植民地化する側とされる側。支配力のヒエラルキーは昔から存在したものの、植民地制度の登場により、史上初めて世界が二極化――脱植民地主義ではこれを“植民地的差異”と呼びます。衣服は着る者の地位とアイデンティティがひと目でわかるため、“植民地的差異”のいちばんの目印となり、ファッションと言えば“文明社会側”のものを意味するように。これとは対照的に、植民地側の衣服は“部族的”、“原始的”、“歴史に欠ける”ものとされました。要するに、これは人種にもとづく二極化で、白色人種は優れている側という構造です。

ファッション業界で取締役会やランウェイに黒色人種、先住民族、有色人種がいないのは、ファッションにおける人種差別の証拠だと一般的に言われるものの、実際はもっと根深く、彼らの不在は常態化しすぎているため、意識されることも滅多にありません。とはいえ、ファッションを身にまとう人はみんな、意図的にそうしているのでも、そうではなくても、この状態を支持しているようなものです。目の前にある人種差別が見えていない。これは、ファッション産業には人の思考を形作る大きな力がある証拠でしょう。ファッションは商品の目に見える部分――スタイルの変化、流行、季節性――にばかりスポットライトを当て、見えない部分は隠したまま。それらが見えるのはラナプラザ崩落事故のようなはなはだしい人権侵害が露呈したときだけで、しかもほんのつかの間です。何百万人もの人々がシステムに縛りつけられ、自分の文化のものではない服を作らされている事実は、賃金率とは関係なく、人種にもとづく国際的な正義の侵害の証として充分ではないでしょうか。ファッション廃棄物の大半が捨てられるようになったグローバルサウスにも同じことが言えます。ファッションにおける人種差別は、その事実がファッションから消されていることに表れているのです。

これに対処するための第一歩は、現在のファッションの認識が植民地時代に形成されたものだと理解すること。その次が、公正さと敬意に根ざしたファッションの実践です。嘘や虚構、抹消はファッションが機能する手段で、人種と差別にもとづく文化的ヒエラルキーがいまもあるのを見えないようにしています。これらの嘘や虚構、抹消を白日のもとへさらしましょう。ファッション教育も万国の衣服を取りあげ、特定の文化のものである“欧米ファッション”のみを扱うのをやめなくてはいけません。メーカーと消費者がファッション産業による世界規模のヒエラルキー強化戦略に利用されるのをやめない限り、改善は成されません。

資本主義は制限なしの資源採取と成長にもとづくがゆえにサクリファイスゾーン――経済的利益促進のため使い捨てにされる場所――を生みだし、そこへ依存します。GDPの成長は社会的健康の指標ではなく、地球を破壊している厳然たる証拠があるにもかかわらず、成長こそが至高の目標となりました。自然保護団体シエラクラブのホップ・ホプキンスが指摘するように、これだけの規模の破壊は人間性を無視しないことには起きえません――土地と資源を狙う者たちは、人種の違いを理由に生態系の守り手たちの人間性を踏みにじったのです。すべての人種と生態系に対して敬意を持っていれば、その敬意に従い、ビジネス上の利益に“上限”を設けていたことでしょう。

ファッション産業はサクリファイスゾーンとさまざまな関わりがあります。サクリファイスゾーンの生産品を利用――石油由来の合成繊維や染料などがそうです。また、サクリファイスゾーンを作りだしてもいます。その最たる例がコットン農場でしょう――水の大量消費、工業型農業による、一見緑でも下層植生に乏しい“緑の砂漠”化。“サクリファイスゾーン”という言葉の解釈を先住民族にまで広めると、ファッション産業は多文化を荒廃させてもいます――たとえば、ろくな賃金ももらえずに働きづめの女性たち、土地を追いだされて自身の文化（多くは環境に優しい服飾習慣も）を手放さざるをえない部族の人々。最終的に、彼らは持続不可能なグローバルファッション産業の拡大を引き起こしている、化石燃料に依存しきった、まさにその衣服を買うしかなくなります。

わたしが見たいのは地域的・文化的服飾習慣の再生です。外部からの“エンパワーメント”は必要ありません。ファッション産業界がものごとをよく理解していると言っているようなもの。産業界は引き下がって、人々が伝統的なやり方へ立ち戻る自由と手段を認めるべきです。生活賃金と過去の不足分の支払いは大きなスタートとなるでしょう。伝統的な服飾習慣の復活を、付帯条件なしで支援するのが次のステップ。これには先祖代々の土地の買い戻し支援や、リジェネラティブ農業の講習会などがあるでしょう。産業界には邪魔にならない距離から、先住民のやり方を称え、支援してほしい。回復が必要とされているのは、利益のためでなく、世界的なウェルビーイングのためです」。

パタゴニア

Patagonia

インタビュー：ヘレナ・バーバー（ビジネスアクティビスト／ライフアウトドアプロダクト）
場所：アメリカ

世界でもっとも成功をおさめているサステナブルな衣料品ブランドのひとつ、パタゴニアは1973年、カリフォルニアでイヴォン・シュイナードが創設。アウトドアアパレルを生産し、環境危機へのソリューションに貢献しながら、最高品質のプロダクトを生みだすことで知られる

現在、力を入れている活動は？

気候変動と社会的正義が大きな問題となっているため、パタゴニアの活動の重要性はますます大きくなりました。主な課題のひとつは過剰消費への取り組み。事態をどれだけ改善しようと、消費をなんとかしなければ埒があきません。もうひとつ重点を置いているのがリジェネラティブ農業。3つめが社会的正義となります。フェアトレードを目指すなら、サプライチェーンにいる人たちが目に見えない形で搾取されつづけるのを放置できません。プラスチックボトルのリサイクルで充分という考え方から、リサイクルと循環性のための抜本的なイノベーションへと、リサイクルを考え直す必要もあります。最後に、自分たちがやっていることの判断基準なしでは、理解も活動もできません。基準と認証はビジネスにとって必須です。“サステナブル”や“リジェネラティブ”という言葉はすっかり氾濫して意味が薄れてしまいました。言葉だけではなんの証にもなりません。

リジェネラティブ農業で、もっとも大きな違いを生みだす繊維とは？

パタゴニアは2017年からリジェネラティブ・オーガニック農業へ進出、非営利団体リジェネラティブ・オーガニック・アライアンスを創設しました。ただちにコットンサプライチェーンへ加盟を求め、2018年にはおよそ165軒だった加盟農家が2021年には2,200軒を超えるまでに。農地を耕さない不耕起栽培、多毛作、間作、益虫の導入、生物多様性、経済的な耐久性、フェアトレードを農家へ求めました。

リジェネラティブ・オーガニック農業はなにも新しいものではありません。伝統的なコミュニティや先住民のコミュニティにはもとから伝わっていたもので、先祖伝来の農地でおこなわれてきた農法でしたが、化学肥料を用いる“緑の革命”や農薬によって衰退します。それがいままたよみがえりつつあります。単作とは違い、さまざまな作物が経済的な耐久性を高めてくれ、樹木や昆虫、鳥類も農法の一部です。カリフォルニア大学の協力で正確な炭素排出・貯留量の分析に取りかかっています。コットンは毎年引き抜かれては植えつけられる1年草なので、多年草の作物との比較では炭素貯留量が少なくなります。正確なメリットは調査中ですが、これまでのところオーガニックコットン農法に比べて改善が見られます。

小規模オーガニック農法の場合、オーガニック農法から進歩した点は？

生物多様性では多くの重要業績評価指標が達成されました。比較したのは整然と並べて植えつけた小規模オーガニックコットン農場と、木々に、ときには動物に、囲まれて数十種類の異なる作物と混作したリジェネラティブ・オーガニック農場。インドの農家は祝祭期間中にマリーゴールドを売ることで経済的な耐久性が高まりました。コットン以外にも、地域コミュニティが食料として消費する作物を育てることで収入が増えます。しかもこのほかにパタゴニアからはフェアトレード割増金（プレミアム）が支払われます。炭素量ばかりに目が行きがちですが、もっとすばらしい成果がいくつもあるのです。新たなシステムを押しつけているわけではありません。昔からのシステムを再生させ、支援しているのです。

消費を減らすには？

パラダイムシフトが必要です。リコマース、リペア、レンタル、リサイクル、回収プログラムは新たなモデルの一部だと世界が理解しなくてはいけません。パタゴニアには製品をより長く使ってもらうための、ウォーン・ウェア（Worn Wear）というプログラムがあります。リクラフティッド（ReCrafted）は職人の創造力により古いモノから新しいモノを作りだすコレクション。この分野には会社として本腰を入れる必要があります。顧客はまだこの新たな考えを理解しているとは言えません。消費者は色やフィット感、もしくは衝動で買い物し、石油燃料や規制対象外の化学薬品、社会的影響などの見えない部分をすべて理解はしていません。ですからわたしたちは製品を非常に魅力的にする必要があります。古着でもすばらしい状態の服の販売には期待をかけています。若い顧客には新しいモノよりアピールする可能性すらある。こういうアプローチは環境への影響を伝える入口となるでしょう。

会社として、中産階級だけでなく、貧しいコミュニティへも訴えかけることは可能ですか？

鍵はコミュニティです。わたしたちが求めているのは命じることでも、説教することでもなく、関わること。環境を考慮してすでに変わりつつある小さなコミュニティもあり、彼らと提携し、真摯に向き合えたらと願っています。相手の心に響かないメッセージは作るだけ無駄です。行動を起こしている進歩的な消費者やインフルエンサーはいます。特に若い層へ向けては、彼らが変革を促すメッセージを発信するのを支援しなくては。ウォーン・ウェアのスタートから数年になり、複数のコミュニティと手を結び、さらに活動を広める計画を実行中です。

手工芸（クラフト）とそれが生みだす社会的影響を広める考えは？

もちろんあります。パタゴニアでずっとやりたかったことで、廃水と社会的公正さという課題への挑戦的な対策となります。この数年は非営利団体ネスト（Nest）と連携。ネストはアーティザンを認定し、ブランドと結びつけてくれます。つまりはアーティザンを搾取から守り、ネットワークを作る活動。パタゴニアはコレクションをひとつ作ったらそれで終わり、というやり方は求めていません。求めているのは健全で長期的なパートナーシップを築くことです。

新型コロナウイルスの世界的大流行中、カディと呼ばれるインドの手織り布の織り手たちとともに働いたのは、すばらしい経験となりました。工場が閉鎖されても、織り手たちは自宅で働いたのです。量は少ないですが、彼らが織った布からは見事な服が誕生し、うれしいことに販売にこぎ着けました。この変革でクラフトは重要な役割を担っています。

パタゴニアの企業アクティビズムはどこから始まりどこで終わるのでしょう？

わたしたちにとって、パタゴニアはアパレル会社ではありません。パタゴニアは地球の暮らしのために戦う会社です。わたしたちが暮らしている環境ゆえに、企業アクティビズムは活動の中心になくてはなりません。ですが、社会的正義なくして環境的正義がないのも理解しています。そのため変化を促進するには、すべてにおいて倍の努力が必要でしょう。それはパタゴニアだけではありません——コミュニティを仲間に引き入れ、みんなでともに支え合い、やるべきことを達成する——自分ひとりでやり遂げることは誰にもできないのです。

底辺への競争〔訳注：国家が外国企業誘致を狙い、労働環境などが悪化の一歩をたどること〕**が繰り広げられる産業界で、大胆なビジネスの決断をくだす方法は？**

厳しい問いかけをしつづけることです。炭素削減を唱えておきながら、舌の根も乾かないうちに売上げの大幅アップを口にすることはできません。10年後のモデルの姿に取り組まなくては。課題はいかにみんなを巻きこむか。顧客とのコミュニケーションが大切です――わたしたちは顧客の力を過小評価しがちですね。わたしたちが直面しているいくつもの巨大な危機と、人々が取ることのできる個々のアクションを結びつける必要があります。そんなの簡単？まさか。ですがこの10年、20年で食品業界に起きたことを見ると、アパレル業界では何が起きうるだろうと勇気づけられます。若い世代に期待しています。彼らには知恵があり、すばらしいアクションが起きている。

環境に最大限優しい製品を作りながらどうやって成長を？

昨年は販売を減らし、成長を制限するために多くの対策を取りました。成長は極力低めに抑え、自分たちのモデルを見直して、ニュー（new）から、ユーズド（used）―レンタル―リペアへの移行を進めています。それらの実現はビジネスとしてたしかな成長です。パタゴニアは地球を救うビジネスなのですから。皮肉なことに、ビジネスは大きな問題にもなれば、解決策にもなりえます。パタゴニアは正しいビジネスをしてきたおかげで、50周年を迎えましたが、これは単に損益の話ではありません。環境と社会の利益と損失も考慮に入れなくては。パタゴニアは全製品の炭素、廃棄物、廃水の負荷を計測、もっとも負荷の高い製品はみずから排除しています。

顧客にアクションを起こさせるには？

消費主義のコミュニティをはぐくむのはパタゴニアの目的ではありません。パタゴニアが目指すのは人々を旅の道連れにすること。彼らから学ぶこと。悪い影響とモノを買う決断がそれにどう結びついているかを見てもらうこと。政府の介入に頼ることはできません。個人が何かのために立ちあがり、地域の組織とともに変化を生みだすしかないのです。顧客をアクティビズムに参加させ、ともに働くことで成しうるより幅広い影響に携わってもらうのがパタゴニアの役目です。

あなたにとってリジェネラティブなリーダーシップとは？

権力に真実を伝えること――組織内の全員に権限を与え、人々の努力を集結させて影響を増幅させるようにすること。加えて、自分たちの仕事がより大きな問題と密接に結びついているのを理解していること。やるべきことはいくらでもあります――リジェネラティブ農業、フェアトレード、社会的影響、徹底的なリサイクル、消費抑制対策。すべての試みに焦点を当て、重要なものでは手を組み、コミュニティを築く必要があります。わたしが言っているのはより大きなコミュニティです――顧客とのコミュニティ、そしてファッション産業内のコミュニティ。それなしでは影響力は生まれません。

206-11ページ：カリフォルニアで起きた原油流出事故への関心を高めるため2015年におこなった集団パドルアウト“原油に目覚める（クルード・アウェイクニング）（A Crude Awakening）”などのアクティビズムから、サステナブルな繊維の活用、急成長しているリペア・リセールビジネスまで（206ページはリクラフティッドのジャケット）、差し迫った環境問題への取り組みはいまもパタゴニアの活動の中心。

TROUBADOUR

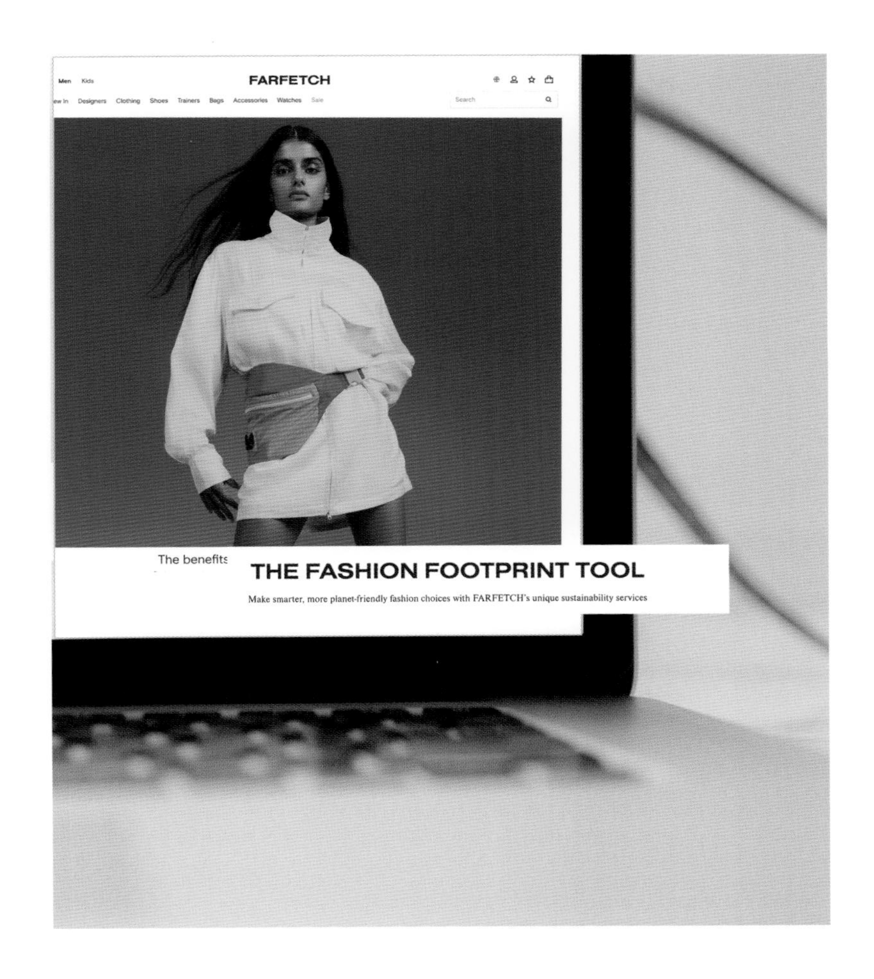

ファーフェッチ
FARFETCH

インタビュー：トム・ベリー（サステナブルビジネス・グローバルディレクター）
場所：イギリス

2007年創設のファーフェッチは190を超える国と地域のクリエイターとキューレーター、顧客を結びつける通販サイト。現在、世界の最高級ブランド、ブティック、百貨店1,400社近くと提携。ひとつのプラットフォームでは最大規模の幅広いラグジュアリーファッションを提供している。

ファーフェッチの仕組みは？

わたしたちの通販サイト、ファーフェッチ・マーケットプレイスのラグジュアリーアイテムは、個々のショップやブランドを通して掲載されています。注文が入ると、ショップやブランドの倉庫から消費者へ直接梱包・発送。通販サイトに在庫はありません――わたしたちはアイテムの写真を撮って売りに出し、注文、返品、関連する物流全般を管理。見返りに、提携先から取引ごとに手数料をいただきます。

古着の販売は2010年から。2019年からはリセールサービス（FARFTCH Second Life）と寄付サービス（FARFETCH Donate）も開始。修理サービス、FARFETCH Fixもスタートしたところです。どのサービスも服を長く着てもらえるようにするのが目的です。

ファーフェッチのビジネスモデルでサステナビリティが持つ役目とは？

創設者のジョゼ・ネヴェスはポルトガルで製靴業を営む家庭の出身です。彼は最高級品を作りだすクリエイティビティやクラフトマンシップをこよなく愛しており、小規模のデザイナーやブティックでは何世代にもわたって使うことのできる製品が見つかることも。現在の需要と供給のアンバランスは、ファッション産業が抱える大きな課題であることも彼は理解しています。在庫を欲しがる人がいても、世界に散らばる小規模ショップにはそれを売りに出す国際的な販売サイトがなく、このことも問題の一因でした。ファーフェッチはこの問題を解決するために設立されたのです。最近ではPositively FARFETCHというプログラムをスタート。わたしたちとともに働くすべての人たちが、ポジティブに考え、行動し、選択できる、ラグジュアリーファッション・プラットフォームとなるのがわたしたちのミッションです。これには4つの柱があります。よりクリーンに（クリーナー）（ファッションのカーボン・フットプリント削減）、意識する（コンシャス）（環境、人々、動物にとってよりよい選択ができること）、循環型（サーキュラー）（ゴミの削減と服の寿命を延ばすこと）、そして包括性（インクルーシブ）（ファッション産業界で生物多様性とインクルージョンを推進）。これらがこんにちのわたしたちのビジネスにおける核です。

販売後のサステナビリティは？

すべてのサプライヤーに、わたしたちの利用規約および倫理的調達方針（エシカルソーシング・ポリシー）に説明されている基本的基準を満たすよう求めています。販売サイトでも、よりポジティブな選択をする必要性について多くのメッセージを発信。ファッション・フットプリント・ツール（Fashion Footprint Tool）では環境負荷を素材別に算出し、古着（プレオウンド）を選ぶことが環境に与える利点を可視化。消費者にポジティブな選択をしてもらえるようさまざまなツールを開発しています。

ほかにもコンシャス・コレクション（Conscious Collection）を提供。登録されるには、環境的、社会的、もしくはアニマルウェルフェアの観点からよりよいと個々に認められた、あるいは認証された（フェアトレード、オーガニック、リサイクル品、もしくはレスポンシブル・ウール・スタンダードなど）素材を50%以上使っている製品か、プレオウンド、またはグッド・オン・ユー（Good On You：ファッションのサステナビリティ度を測定するアプリ）で“良”の評価を得ているブランドの製品でなければなりません。現在登録されているのは10アイテムのうちひとつというところで、2020年にはファーフェッチ・グループの流通取引総額のうち5%を占めましたが、10年でこれを100%にすることを目標にしています。それには提携しているブランドとブティックに、これらの製品を増やしてもらう必要があります。その努力はすでに始まっており、ファーフェッチもコンシャス・ファッションやトレンドについて教えるワークショップ、シーズンごとのコンシャスな製品を取りあげたショッピングガイドでこれをサポート。消費者参加型のアクティビティを増やしてこれらの製品への需要を高めつづける必要もあります。

グッド・オン・ユーと提携した理由は？

グッド・オン・ユーのランク付けはすべて公開されている情報にもとづいており、産業界での透明性促進に貢献しています。ほかのランク付けシステムや基準では、評価にかかる費用をブランドが出し、非公開情報を提出しなければなりません。グッド・オン・ユーではどのブランドでもランク付けを受けることができ、よい評価を得るには、目標、方針、基準、それらを実行したうえでの進展について、とても高い透明性が求められます。グッド・オン・ユーはブランド自身の情報と、カーボン・ディスクロージャー・プロジェクト（Carbon Disclosure Project）やファッション・トランスペアレンシー・インデックス（Fashion Transparency Index）など信頼できる団体の情報の両方を活用しています。

サステナビリティとネットゼロへ向けた行動を取るようブランドへ働きかけるには？

ビジネスとしての利点からアプローチしています。ファーフェッチは世界中に400万人の顧客を抱え、コンシャス・コレクションの販売促進を目指したマーケティング、ツール開発、フィルター、地域に応じたキャンペーンを展開。コンシャス・コレクションの売上げは、ファーフェッチ・マーケットプレイスにおける平均の3.4倍の速さで伸び、すばらしい成果を出しています。コンシャス・コレクションに登録された商品はどのブランドのものでも顧客の目に触れる機会が増え、売上げ増が期待できます。このアプローチがさまざまな意味でうまくいっているのは、消費者の需要が高まっているからです。ファーフェッチはブランドに変わるよう働きかけるというより、ブランドがよりコンシャスな選択肢を消費者へ紹介できるようにしていると言えるでしょう。

212-15ページ：ファーフェッチは通販サイトでさまざまな循環型選択肢（サーキュラーオプション）を提供し、消費者の“ポジティブな選択”を促す。デザイナーもののシューズ、バッグ、革製品のリセール、寄付、修理サービスはその一環だ。

まとめ Conclusion

わたしが思い描くリジェネラティブな産業の姿は、ファッションが——生産でもコミュニケーションでも——人のウェルビーイング回復、文化的多様性・低炭素・サステナブルなライフスタイルの推進に中心的な役割を果たしつつ、近年地球から奪ってきたものを急速に再生していくというものです。

生産量を75%かそれ以上削減するには、ひとり当たりの衣類やフットウェアは高品質のものを年に2、3点だけ買うことにする(現在20点だとしたら)。ほかはすべてリセールマーケットで買うか手に入れることです。暮らしている地域でリセール、レンタル、リペアでき、服作りと仕立て直しを学ぶことができれば、新たな商品を購入した際のフットプリントを減らせるうえに、ファッション、シェアリング、サステナブルな暮らしを軸とした活気あるコミュニティが築けます。繊維とテキスタイルはリジェネラティブな方法で生産し、土壌の健康、生態系、生物多様性、炭素削減を優先する——そして農家とサプライヤーがそれを実行できるような価格と取引条件にする。

労働者は人権デューデリジェンスと新しいスキルによって支えられ、社会的企業と地域経済は財政的に支援されて、ローカライゼーションの推進と収入の改善をはかり、尊厳、仕事のやりがい、経済的自立を提供する。

デザイナーは新たなプロダクトと美しさをデザインできるよう、自身のクリエイティビティを活用し、生地とその生産工程に関する技術的スキルを学ぶ場を与えられ、社会的影響をもたらし、自然のシステム回復における自分の役目を果たす。

ファッションリーダーはネットゼロおよび“公正な移行”へと導くために立ちあがり、すべての利害関係者について学び、彼らの言葉に耳を傾け、改善実現のために計画を立てる。気候的、生態系的、社会的危機への対策を導くことは、未知の領域へと先だって進むことです——困難な道のりで、勇敢であるには孤独感に見舞われるときもあるでしょう。けれども何人ものリーダーが、この危機に対して自身の組織にできる取り組みをチームの仲間や投資家へ思い切って話してみたところ、大きなやる気で応えてくれたと語っています。

多くの小規模ブランドが、サステナブルな未来を可能にするただひとつの方法、真のシステム・アプローチへとファッションを導いています。彼らのものの見方とやり方はよりホリスティックで、人々と自然、男らしさと女らしさ、左脳思考と右脳思考——そして買い手と生産者という、わたしたちが持っている区別に挑むもの。

リジェネラティブ・ファッションとは、平等性、つながり、協業(コラボレーション)の新たな時代を受け入れること——この新時代では、わたしたちの住まいである生態系をともに修復し、しっかり責任を取ることの緊急性がわかっていなくてはなりません。小枝にとまるコマドリから、絶滅の危機にあるサンゴ礁に生息するさまざまな命までが、行動を起こすよう訴えかけています。わたしが産業界のリーダーたちとともに“ファッション宣言”(217ページ)を作成したのはこのためです。果たすべき役割はどんな人にもあるのです。

ファッション宣言

ファッション宣言は産業界の根本的な変革を目指すファッションリーダーたちによって作られた、ボトムアップ型の運動。5つのゴールを呼びかけています。

1　ただちにアクションを起こすよう声をあげる

わたしたちは科学的根拠にもとづく、広く認められた基準に沿って企業の責任を問う法律、規制、契約義務を支援し、公の場で声をあげます。

2　脱炭素化と生態系および生物多様性の修復

わたしたちは2030年もしくはそのすぐあとにネットゼロを達成するため、エネルギー、水、有害化学物質の使用を徹底的に削減し、リジェネラティブに栽培された天然素材へシフトします。わたしたちは製品の寿命を長くすること、リセール、レンタル、リペアを促進します。

3　社会的正義と公正な移行

わたしたちは労働者の権利、生活賃金、組合結成の自由、ジェンダー平等を支持し、あらゆる形の力の濫用に抗議します。わたしたちはB Corp、世界フェアトレード連盟、フェアウェア財団、現代奴隷法など、労働者の保護において実績のある枠組みを支持します。わたしたちはサプライヤーと長期的パートナーシップを直接結ぶことを求め、手作業でのモノ作りやクラフト中心の暮らしなど、低炭素を実現する意見を集め、実行します。

4　徹底的な透明性とコーポレートガバナンス

ビジネスにおけるすべての決定は、気候、生態系、社会に与える影響を評価されなくてはなりません。わたしたちは、企業が人権デューデリジェンスに責任を持ち、株主だけでなく、すべての利害関係者（ステークホルダー）に対して義務を守るよう求めます。わたしたちは社会的・環境的影響に関して、規格化された評価方法基準と首尾一貫した報告を求めます。企業は相応の税金を支払い、多様性、包括性（インクルージョン）、ジェンダー平等、取締役会におけるステークホルダーの参加を推進しなければなりません。

5　リジェネラティブ・ファッションのモデル

資源に限りのある地球での限りない成長にもとづく現行の経済モデルは終わりにしなくてはなりません。わたしたちは、すべてのブランドがプラネタリー・バウンダリー内でビジネスをおこなうようただちに行動を取り、ファッションが善の力となる再分配モデルへ移行することを求めます。

あなたも参加しませんか？

www.fashion-declares.org

引用文献 Resources

書籍

London: Brazen, 2021年
Maxine Bédat『Unraveled』New York, NY: Portfolio, 2021年
オルソラ・デ・カストロ『Loved Clothes Last』London: Penguin Life, 2021年
エレン・マッカーサー財団『Circular Design for Fashion』Isle of Wight, 2021年
Friends of the Earth/C40 Cities『Why Women Will Save the Planet』London: Zed Books, 2018年
Paul Hawken『Regeneration』London: Penguin, 2021年
ジェイソン・ヒッケル『Less Is More』London: Random House, 2021年
Vicki Hird『Rebugging the Planet』Hartford, VT: Chelsea Green Publishing, 2021年
タンジー・E・ホスキンズ『Foot Work』London: Weidenfeld & Nicolson, 2020年
David Howe『Extraction to Extinction』Salford, Manchester: Saraband, 2021年
Giles Hutchins & Laura Storm『Regenerative Leadership』Tunbridge Wells, UK: Wordsworth Publishing, 2019年
Frederic Laloux『Reinventing Organizations』Nelson Parker, 2014年
サフィア・ミニー『Slave to Fashion』Oxford, UK: New Internationalist Publications, 2017年
Clare Press『Wardrobe Crisis』New York, NY: Skyhorse Publishing, 2018年
ケイト・ラワース『ドーナツ経済』(黒輪篤嗣訳、河出文庫、2021年)。

役に立つ組織とウェブサイト

アジア最低賃金連合(asia.floorwage.org)

バングラデシュ衣料品製造・輸出業者協会(BGMEA)(bgmea.com.bd)

サステナブル・ファッション・センター(www.sustainable-fashion.com)

クライアントアース(www.clientearth.org)

コモン・オブジェクティブ(www.commonobjective.co)

アース・ロジック(www.earthlogic.info)

エレン・マッカーサー財団(ellenmacarthurfoundation.org)

フェアウェア財団(www.fairwear.org)

ファッション宣言(www.fashion-declares.org)

ファッションレボリューション(fashionrevolution.org)

オックスファム(www.oxfam.org.uk)

プロジェクト・ドローダウン(drawdown.org)

ザ・サステナブル・アングル(thesustainableangle.org)

テキスタイル・エクスチェンジ(textileexchange.org)

ウォー・オン・ウォント(waronwant.org)

用語集　Glossary

炭素削減（カーボンドローダウン）**：**大気中のCO2を吸収し土壌に長期間蓄積するプロセス（貯留）。

カーボンオフセット：炭素排出の埋め合わせに、将来の排出量を削減するスキームへ投資すること。

カーボンプライシング：温室効果ガス排出による被害を算出し、排出元の企業へ金銭的負担を求めること。

脱炭素化：低炭素エネルギー源へ切り替えて、CO2排出量を削減すること。

環境（environmental）、社会（social）、ガバナンス（governance／企業統治）（ESG）：社会意識の高い投資家が組織評価に活用する非財務的要因。

フェアトレード：途上国の生産者との公正な関係を支援する取引。'Fair Trade'は世界フェアトレード連盟を、'Fairtrade'は国際フェアトレードラベル機構を指す。

組合結成の自由：労働組合など、特定の結社へ加入、不加入する権利。

公正な移行：持続可能な経済への移行が公正におこなわれるようにし、経済的な損失をこうむる立場にある労働者の権利を守ること。

ライフサイクル・アセスメント（LCA）：ライフサイクル全体を通して製品が環境に与える影響を評価する方法。

ローカライゼーション：持続不可能なグローバル化を見直し、地産地消を目指す動き。

低炭素：温室効果ガス排出量のレベルをさげること。

低負荷な素材：環境に与える負荷が低いこと。

ネットゼロ：大気中に排出される温室効果ガスの量をその除去量と同じにすること。カーボンニュートラルとも呼ばれる。

プラネタリー・バウンダリー：人類が"安全に活動できる範囲"を守るための、環境に関する9つの境界値。現在、うち4つは限界値を超過。

サクリファイスゾーン：永続的な環境被害を受けている場所で、低所得および／または少数民族コミュニティが暮らすことが多い。

持続可能な開発目標（SDGs）："みんなにとってよりよく、より持続可能"になることを目指し、国連が掲げた17の目標。

索 引 Index

人名と同じブランド名を区別するため、ブランド名はカッコで英語名を併記しました。
例:アイリーン・フィッシャー(Eileen Fisher)

謝辞とクレジット　Acknowledgements & credits

謝辞

本書で取りあげたすばらしい人たち、誠実でありつづけるようわたしを支え、わたしの考えに磨きをかけ、リジェネラティブなファッションの未来へと進む道を（あなたと）分かち合ってくれたその他の人たちへ大きな感謝を贈ります。本はある瞬間を写し撮る写真でしかなく、ものごとは急速に変わりつづけるのが自然の理です。個人的なトラウマを乗り越えてリサーチし、考えをめぐらせ、執筆するのはとても難しいことでしたが、ケヴ、アリス、ジュディ、ソフィー、アンジェラ、ジェーン、ナオコという仲間たちの努力と創造力のおかげで、この小さな革命をお届けすることができました。自身の本を執筆しながら優しさと楽観主義でわたしをつなぎとめてくれた、才能溢れるマーカス・ジェームズに感謝します——正義と、人々と自然への愛の探究につき合ってくれてありがとう。

PICTURE CREDITS

著作物の利用を許諾していただいた下記の方々に感謝申しあげます。

AlgiKnit: Max Cheng and Aaron Nesser 58, 61
Azadeh Yasaman: Ali Khatub-Shahidi and Aassttiinn 104l, 104r
Bethany Williams: 91; Christina Ebenezer 86, 88
Birdsong: Meg Lavender and Birdsong 120; Rachel Manns and Birdsong 121, 123
Bolt Threads: adidas 56l; Ben Sellon for Bolt Threads 56r
Chloé: Velma Rosai-Makhandia (art direction) and Sarah Waiswa (photographer) 106, 107, 109
Christy Dawn: Ashish Chandra 38l; James Branaman and Alexander Saladrigas 38r
Continental Clothing Co.: 148l, 148r
Ecoalf Recycled Fabrics: Because There Is No Planet B®: 182, 183, 184
Courtesy of Eileen Fisher: 192, 193
Elvis & Kresse: 186, 187, 189
Fair Wear Foundation: 153; Bel & Bo 150
Courtesy of FARFETCH: 212, 213, 214
Finisterre: Abbi Hughes 199; James Bowden 196; David Gray 197, 201
Five P Venture India PVT Ltd – Handloom Studio: 112, 113, 115
Getty: Justin Lewis 58; Peerayut Aoudsuk/EyeEm 87
Global Mamas: 143, 145
H. Dawson Wool: Simon Forsythe 52r; Jurgita Moorhouse 52l
istock Photo: Katiekk2 51l; Udomsook 28
JARAFIN: Rafin Jannat 126r
Kkadi London: Rose Bradbury/Khadi London 119; Swapnaja Dalvi/Beejkatha 117; Sanjay Miskin 116
Kilomet 190: Le Nguyen Nhat 101; Benjamin Reich 100; Julie Vola 103
KTS: 131; Carolin Weinkopf 128, 132
Nece Gene: 92, 95, 96
OR Foundation: 173; Nana Kwadwo Addo 169; Sackitey Tesa Mate-Kodjo 168
Orange Fiber: 62l, 62r
Oshadi: Ashish Chandra 32, 35l, 36, 37; Syed Zubair 13, 33, 35r
Courtesy of Patagonia: 206; Hashim Badani/Courtesy of Patagonia 207; Tim Davis/Courtesy of Patagonia 210
Reskinned: J. Abbot Photography 202l, 202r
Reverse Resources: 180l, 180r
Sabahar: 136, 137, 140; Yonas Tadesse 138
SEKEM: 40, 41, 42
Shutterstock: Anton_Ivanov 171; Floral Deco 195; fritz16 126l; Happy Art 22tl; HelloRF Zcool 30; Ines Behrens-Kunkel 3, 154; Leremy 22br; Maram 177t; Nazarii M 9; Neliakott 22l; smirart 4; Somprasong Wittayanupakorn 29; Steinar 22r, 22bl; supanut piakanont 22t, 22tr; Supermop 142; Thatsada Panjaphandon 5, 72; Tzubasa 22b; urfin 63; Zhane Luk 60
The Slum Studio: Fibi Afloe 174, 177br; Keren Lasme 175; Kevin Kwabia 177bl
Southeast England Fibreshed: Taya Badgley 46br; Deborah Barker 46tr; Gala Bailey Barker 46l
The Sustainable Angle: 64, 65; Circular Systems 67
Tengri: Emire Eralp 48; Josh Exell 51r; Alex Natt 49
www.un.org/sustainabledevelopment: 79
Unsplash: Charles Deluvio 213r; Kate McLean 129; Max Larochelle 93; Natascha Maksimovic 14, 219, 220, 223; Trisha Downing 68
Wikimedia: Faha Faisal (CC BY-SA 4.0)

すべての写真家の名前を記載するよう最善を尽くしましたが、万一、記載漏れや誤りがありましたら申し訳ございませんが改版時に修正させていただきます。